中等职业教育物联网专业系列教材

物联网概论

WULIANWANG GAILUN

主　编　李昌春　张薇薇

副主编　甘志勇　游华涛　隆　昕　王　荣

参　编　王　芹　曾玲玲　洪　政　邱　东

窦　刚　陈　玲　陈晓晓　杨晓兰

向万勇

重庆大学出版社

图书在版编目(CIP)数据

物联网概论 / 李昌春, 张薇薇主编. -- 重庆 : 重庆大学出版社,2020.6(2024.7 重印)

中等职业教育物联网专业系列教材

ISBN 978-7-5689-2161-9

Ⅰ. ①物… Ⅱ. ①李…②张… Ⅲ. ①互联网络—应用—中等专业学校—教材②智能技术—应用—中等专业学校—教材 Ⅳ. ①TP393.4②TP18

中国版本图书馆 CIP 数据核字(2020)第 082611 号

中等职业教育物联网专业系列教材

物联网概论

主 编 李昌春 张薇薇

副主编 甘志勇 游华涛 隆 昕 王 荣

责任编辑:章 可 版式设计:章 可

责任校对:邹 忌 责任印制:赵 晟

*

重庆大学出版社出版发行

出版人:陈晓阳

社址:重庆市沙坪坝区大学城西路 21 号

邮编:401331

电话:(023) 88617190 88617185(中小学)

传真:(023) 88617186 88617166

网址:http://www.cqup.com.cn

邮箱:fxk@cqup.com.cn (营销中心)

全国新华书店经销

重庆升光电力印务有限公司印刷

*

开本:787mm×1092mm 1/16 印张:10.25 字数:219 千

2020 年 6 月第 1 版 2024 年 7 月第 3 次印刷

ISBN 978-7-5689-2161-9 定价:28.00 元

前言

PREFACE

物联网技术是继计算机、互联网之后世界信息产业的第三次浪潮，是一个多学科、多专业技能融合的技术，主要涉及通信、计算机及电子信息等专业技术。它是在互联网基础下的延伸和扩展，将用户端延伸和扩展到任何物品与物品之间的信息交换和通信。物联网技术是一门发展迅速、应用面广、实践性强的应用技术，在现代科学技术中占有举足轻重的地位。目前，许多本科、高职以及中职院校都开设了物联网相关专业，或修订了相关专业的人才培养计划，加入了与物联网基础相关的课程，以满足新兴产业对人才的需求。因此，为了适应中职物联网技术应用及相关专业的教学需求和相关人才培养计划，编者编写了本书。

本书定位为中职物联网技术应用及相关专业学生的入门教材，建议在高一年级专业课程的学习初期使用，提升学生的学习兴趣，加强学生对物联网技术的认识，使其具备一定的理论基础知识，为后续的专业课程学习打下基础。

本书根据物联网体系结构，分为物联网概述、物联网感知层、物联网网络层、物联网应用层、物联网的典型行业应用（主要包括对智慧农业、智慧校园、智慧交通、智慧家居的介绍），以及物联网岗位分析与专业课程安排，总共 6 个项目，总学时为 48 学时。

本书具有以下特点：

①本书为专业课程的导学教材，让学生了解本专业将学到的主要知识和技能。

②全书加入了较多的二维码视频，让学习变得更加直观。

③强调逻辑性和循序渐进，符合学习的一般规律。

④强调实例，增强体验，避免枯燥的理论讲解。

⑤介绍物联网工作岗位，使学生的后续学习方向更明确。

本书由李昌春、张薇薇主编，甘志勇、王荣、游华涛、隆昕担任副主编。项目一由王芹编写；项目二的任务一、任务二和任务三由张薇薇、曾玲玲、向万勇编写，任务四由洪政编写；项目三由张薇薇、邱东、曾玲玲、窦刚编写；项目四由游华涛编写；项目五的任务一由隆昕、陈玲编写，任务二由陈晓晓编写，任务三由杨晓兰、隆昕编写，任务四由王荣、陈晓晓编写；项目六由邱东编写。全书由李昌春统一安排，张薇薇进行统稿。在编写过程中得到了许多中职学校相关领导、老师的支持和帮助，在此向所有为本书的编写做出贡献的人们表示衷心感谢！

由于编者水平有限，书中难免存在疏漏和不妥之处，敬请广大读者批评指正。编者 E-mail：zhangweiwei7256@163.com。

编　者

2020 年 1 月

目 录

CONTENTS

项目一　物联网概述

项目概述

物联网是一种非常复杂、形式多样的系统技术，涉及计算机、电子和通信等技术。本项目首先让学生了解物联网出现的背景，知道物联网发展过程中的重大历史事件；然后叙述了不同的组织和国家对物联网的不同理解，让学生了解物联网的基本概念、特征和体系结构；最后概括地提出物联网的关键技术，并让学生了解这些技术在实际中的应用，建立起对物联网的整体认知。

项目目标

知识目标：

- 了解物联网的起源和发展历程；
- 掌握物联网的基本概念；
- 初步理解物联网的关键特征和体系结构；
- 初步理解物联网所采用的关键技术。

能力目标：

- 能辨识物联网发展的各个阶段的特点；
- 能辨识物联网的关键技术；
- 能直观体会智慧家居、智慧医疗和智慧农业等实际应用。

素养目标：

- 培养学生对物联网行业的认同感；
- 培养学生养成团队协作的意识；
- 培养学生养成安全文明的操作意识和行为规范。

任务一　物联网发展历程

▶ 任务分析

通过本任务的学习,让学生了解物联网出现的背景,理解物联网出现的必然性和对人们生活的影响。通过介绍物联网发展中的重大历史事件和现状,让学生了解物联网的发展和未来的前景。这将为学生接下来的学习打下良好的基础。

▶ 任务讲解

何谓物联网？我们先来看一个例子:物联网冰箱。这种冰箱可以监视冰箱里的食物,当用户的牛奶短缺时它就会通知用户。它还可以搜索美食网站,为用户收集食谱并在用户的购物单里添加配料信息。这种冰箱可以根据用户给每顿饭打出的评分知道用户喜欢吃什么。它还可以在用户生病的时候,告诉用户什么食物对身体有好处。现在,让我们一起走进物联网的世界!

一、物联网发展背景

目前,物联网是全球研究的热点,国内外都把它的发展提到了国家级的战略高度,称之为继计算机、互联网之后世界信息产业的第三次浪潮,如图 1-1-1 所示。从"智慧地球"的理念到"感知中国"的提出,随着全球一体化、工业自动化和信息化进程不断深入,物联网悄然来临。

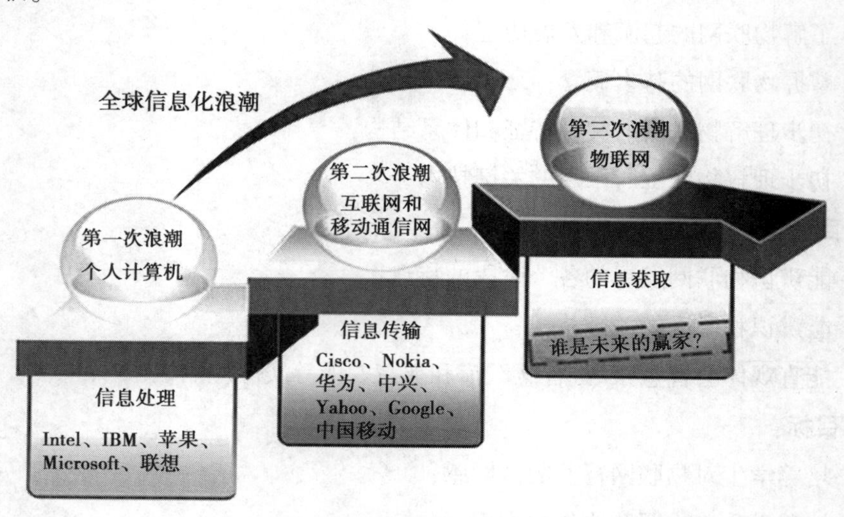

图 1-1-1　全球信息化浪潮

物联网是中国新一代信息技术自主创新突破的重点方向,蕴含着巨大的创新空间,在芯片、传感器、近距离传输、海量数据处理以及综合集成、应用等领域,创新活动日趋活跃,创新要素不断积聚。物联网在各行各业的应用不断深化,将催生大量的新技术、新产品、新应用、新模式。物联网的产生有其技术发展的原因,也有应用环境和经济背景的需求,

主要源于以下3个方面的因素。

①经济危机催生新产业革命。按照经济增长理论,每一次的经济低谷必定会催生某些新技术的发展,而这种新技术一定是可以为绝大多数工业产业提供一种全新的应用价值,从而带动新一轮的消费增长和高额的产业投资,以触动新经济周期的形成。2008年全球爆发的金融危机,把全球经济带入了深渊,让人们又不得不面临紧迫的选择,物联网技术作为下一个经济增长的重要助推器,催生新的产业革命。在中国信息通信研究院发布的《物联网白皮书(2018)》中指出:全球物联网产业规模由2008年500亿美元增长至2018年近1 510亿美元,预计未来几年市场规模将达到万亿美元,物联网必将为各国持续走出经济低谷,注入新鲜的活力。

②传感网技术已成熟应用。由于近年来微型制造技术、通信技术及电池技术的改进,促使微小的智能传感器已具有感知、无线通信及信息处理的能力。也就是说,涉及人类生活、生产、管理等方方面面的各种智能传感器已经比较成熟。图1-1-2所示为传感网技术的应用领域和作用。

图1-1-2 传感网技术的应用领域和作用

③网络接入和数据处理能力已基本适应多媒体信息传输处理的需求。目前,随着信息网络接入多样化、IP宽带化和计算机软件技术的飞跃发展,对于海量数据采集融合、聚类或分类处理的能力大大提高。在过去的十几年间,从技术演进来看,信息网络的发展已经历了四个大的发展阶段:第一阶段为大型机、主机的连网;第二阶段为台式计算机、便携式计算机与互联网相连;第三阶段为一些移动设备(如手机、PDA等)的互联;第四阶段是

嵌入式互联网兴起阶段,更多与人们日常生活紧密相关的应用设备,包括洗衣机、冰箱、电视、微波炉等都将加入互联互通的行列,最终形成全球统一的"物联网"。

当前,5G 技术已日趋成熟,并且已经开始投入商用。可以说,网络接入和数据处理能力已适应构建物联网进行多媒体信息传输与处理的基本需求。

二、物联网发展历程

1.国际物联网的发展历程

1998 年,美国麻省理工学院(MIT)创造性地提出了当时被称为 EPC(Electronic Product Code,产品电子代码)系统的"物联网"构想。

1999 年,美国麻省理工学院 Auto-ID 实验室首先提出"物联网"的概念,主要是建立在物品编码、射频识别(Radio Frequency Identification,RFID)技术和互联网的基础上。在美国召开的移动计算和网络国际会议提出:"传感网是下一个世纪人类面临的又一个发展机遇。"

2003 年,美国《技术评论》杂志提出传感网络技术将是未来改变人们生活的十大技术之首。

2004 年,日本总务省提出 u-Japan 计划,该战略力求实现人与人、物与物、人与物之间的连接,希望将日本建设成一个随时、随地、任何物体、任何人均可连接的泛在网络社会。

2005 年,在突尼斯举行的信息社会世界峰会(WSIS)上,国际电信联盟(ITU)在《ITU 互联网报告 2005:物联网》中,正式提出了"物联网"的概念。

2008 年,在苏黎世举行了全球首个国际物联网会议"物联网 2008",探讨了物联网的新理念和新技术,以及如何推进物联网发展。

2009 年,奥巴马就任美国总统后,与美国工商业领袖举行了一次"圆桌会议",IBM 首席执行官彭明盛首次提出"智慧地球"的概念。"智慧地球"的概念一经提出,就得到了美国各界的高度关注,甚至有分析认为,IBM 公司的这一构想将有可能上升至美国的国家战略,并在世界范围内引起轰动。

2019 年,美国国际物联网大会(Internet of Things World)在加利福尼亚州圣克拉拉会议中心盛大开幕。此次物联网大会展示了 350 多家参展商的最前沿技术,并分享了 500 多位演讲者的见解,包括他们的行业知识和现实生活体验。

2.中国物联网的发展历程

2009 年 8 月 7 日,时任国务院总理温家宝在无锡微纳传感网工程技术研发中心视察并发表重要讲话,提到"在传感网发展中,要早一点谋划未来,早一点攻破核心技术",提出了"感知中国"的理念,这标志着政府对物联网产业的关注和支持力度已提升到国家战略层面。之后,"传感网""物联网"成为热门词汇。

2009 年 9 月 11 日,"传感器网络标准工作组成立大会暨感知中国高峰论坛"在北京举行,会议提出了传感网发展的一些相关政策。

2009年11月12日，中国移动公司与无锡市人民政府签署“共同推进TD-SCDMA与物联网融合”战略合作协议，中国移动公司将在无锡成立中国移动物联网研究院，重点开展TD-SCDMA与物联网融合的技术研究与应用开发。

2010年初，我国正式成立了传感（物联）网技术产业联盟。同时，工信部也宣布将牵头成立一个全国推进物联网的部级领导协调小组，以加快物联网产业化进程。在《2010年政府工作报告》中，明确提出加快物联网的研发应用。

2015年之后，国家对物联网的发展提供了更多的政策和资金支持，物联网行业应用进一步拓展，2020年物联网技术将叠加5G成为主流信息技术，预计到2025年物联网技术和AI技术配合将成为重要的生活参与技术。物联网在中国的整体发展历程如图1-1-3所示。

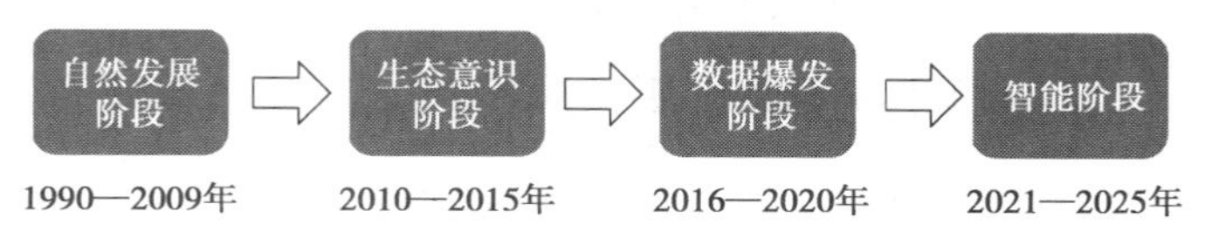

图1-1-3 中国物联网发展历程

▶ 知识拓展

2018年世界物联网大会在北京召开，以“开启世界互联·创造智慧经济”为主题，旨在推动全球物联网新经济发展，提供全球企业的产品展示、项目交流合作的机会，为世界各国机构、企业与中国机构、企业的对接提供平台支持，助力联合国千年发展目标和2030年可持续发展目标的实现，用物联网“构建人类命运共同体”。关于此次大会的具体内容，可扫描二维码观看视频“2018世界物联网大会”。

2018世界物联网大会

▶ 任务小结

如今，物联网技术能否掀起如当年互联网革命一样的科技和经济浪潮，不仅被我国关注，更为世界所关注。当今，物联网把人们的生活拟人化了，万物成了人的同类。在这个物物相联的世界中，物品（商品）能够彼此进行“交流”，而无须人的干预。随之而来的是，物联网将会带动一个上万亿元规模的高科技市场，预计产业规模要比互联网大30倍，其所需的技术人才数量将十分庞大。面对这一发展趋势，作为相关专业的学生，应该关注物联网行业发展，注重与自身的职业发展相结合。

▶ 任务评价

评价内容	评价方式	评价等级	
		优秀	合格
物联网出现的国际竞争背景	提问或作业	能完整清晰表述或书写	能表述
物联网出现的科技背景	提问或作业	能完整清晰表述或书写	能表述
物联网发展的几个关键节点	提问或作业	能完整清晰表述或书写	能表述
物联网发展与中职学生职业发展的关系	提问或作业	能完整清晰表述或书写	能表述
课堂笔记是否美观、完整	随堂或作业	书写整齐且完整	有笔记

▶ 任务检测

一、填空题

1.物联网是继__________、__________与移动通信网之后的世界信息产业第三次浪潮。

2.物联网在各行各业的应用不断深化,将催生大量的__________、__________、新应用、__________。

3.近年来,微型制造技术、__________及电池技术的改进,促使微小的智能传感器已具有__________、__________及信息处理的能力。

4.__________和__________已基本适应多媒体信息传输处理的需求。

5.2009 年,__________就任美国总统后,与美国工商业领袖举行了一次“圆桌会议”,IBM 首席执行官彭明盛首次提出__________的概念。

6.2009 年 8 月 7 日,时任国务院总理__________在__________微纳传感网工程技术研发中心视察并发表重要讲话,提到“在传感网发展中,要早一点谋划未来,早一点攻破核心技术”,提出了____________________的理念,这标志着政府对物联网产业的关注和支持力度已提升到国家战略层面。

7.物联网在中国的整体发展历程是____________________、____________________、____________________、____________________。

二、简答题

1.物联网之所以被称为第三次信息革命浪潮,主要源于哪几个方面?

2.在过去的十几年间,从技术演进来看,信息网络的发展经历了哪些阶段?

3.在物联网发展史上,有哪些重大的历史事件?(列举至少 3 个事件)

三、讨论题

1.上网搜索“中国物联网宣传片”视频资料,同学们分组讨论我国物联网的出现有哪些历史条件?

2.面对物联网发展的历史机遇,作为相关专业的学生在自己的职业规划和学习中,应该怎样积极行动起来,迎接挑战?

任务二　认识物联网

▶ 任务分析

本任务介绍了不同国家和组织对物联网的定义,对物联网的特征和体系结构进行了简明扼要的介绍,同时还着重介绍了物联网的几项关键技术,包括自动识别技术、网络与

通信技术和数据处理技术等。让学生了解物联网的基本概念和特征,理解物联网体系结构及对应功能,为下一步学习奠定良好的基础。

▶ 任务讲解

一、物联网的概念

物联网(Internet of Things)的概念是在1999年提出的,又名传感网。国际电信联盟曾描绘"物联网"时代的图景:当司机出现操作失误时汽车会自动报警;公文包会提醒主人忘带了什么东西;衣服会"告诉"洗衣机对颜色和水温的要求,等等。目前,物联网的精确定义并未统一,主要是以下几家之言。

①1999年美国麻省理工学院的Kevin Ashton教授首次提出物联网的概念,即把所有物品通过射频识别等信息传感设备与互联网连接起来,实现智能化识别和管理。简而言之,物联网就是"物物相连的互联网"。

②国际电信联盟发布的ITU互联网报告,对物联网做了如下定义:通过二维码识读设备、射频识别装置、红外感应器、全球定位系统和激光扫描器等信息传感设备,按约定的协议,把任何物品与互联网相连接,进行信息交换和通信,以实现智能化识别、定位、跟踪、监控和管理的一种网络。该报告对物联网的概念进行了扩展,提出了任何时刻、任何地点、任意物体之间的互联,可用图1-2-1来表示。

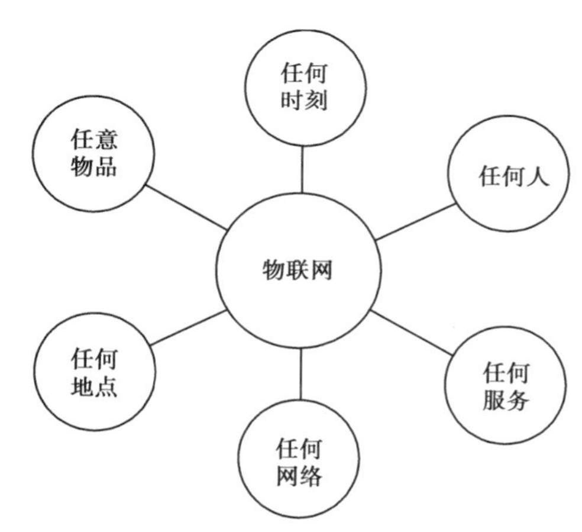

图1-2-1　国际电信联盟发布的物联网定义图解

③关于物联网的定义还有一种理解:物联网是通过各种信息传感设备及系统(如传感网、射频识别系统、红外感应器、激光扫描器、全球定位系统等),按约定的通信协议,将物与物、人与物、人与人连接起来,通过各种接入网、互联网进行信息交换,以实现智能化识别、定位、跟踪、监控和管理的一种信息网络。这个定义的核心:物联网的主要特征是每一个物件都可以寻址,每一个物件都可以控制,每一个物件都可以通信。

④中国物联网校企联盟将物联网定义为:当下几乎所有技术与计算机、互联网技术的结合,实现物体与物体之间,环境以及状态信息的实时共享以及智能化的收集、传递、处理、执行。从广义上说,当下涉及信息技术的应用,都可以纳入物联网的范畴。

综合上述物联网的定义,其中包含了以下3层含义:

①物联网是指对具有全面感知能力的物体及人的互联集合。两个或两个以上物体如果能交换信息即可称为物联。使物体具有感知能力则需要在物品上安装不同类型的识别装置,如电子标签、条码、传感器、红外感应器等。同时,这一概念也排除了网络系统中的

主从关系,能够自组织。

②物联必须遵循约定的通信协议,并通过相应的软件、硬件实现。互联的物品要互相交换信息,就需要实现不同系统中的实体通信。为了成功地通信,它们必须遵守相关的通信协议,同时需要相应的软件、硬件来实现这些规则,并可以通过现有的各种接入网与互联网进行信息交换。

③物联网可以实现对各种物品(包括人)进行智能化识别、定位、跟踪、监控和管理等功能。这也是组建物联网的目的。

综上所述,物联网是指通过接口与各种无线接入网相连,进而联入互联网,从而给物体赋予智能,可以实现人与物体的沟通和对话,也可以实现物体与物体相互沟通和对话。

二、物联网的特征

物联网中最为关键的 3 个特征:对物体具有全面感知能力、对数据具有可靠传输能力和智能处理能力,如图 1-2-2 所示。

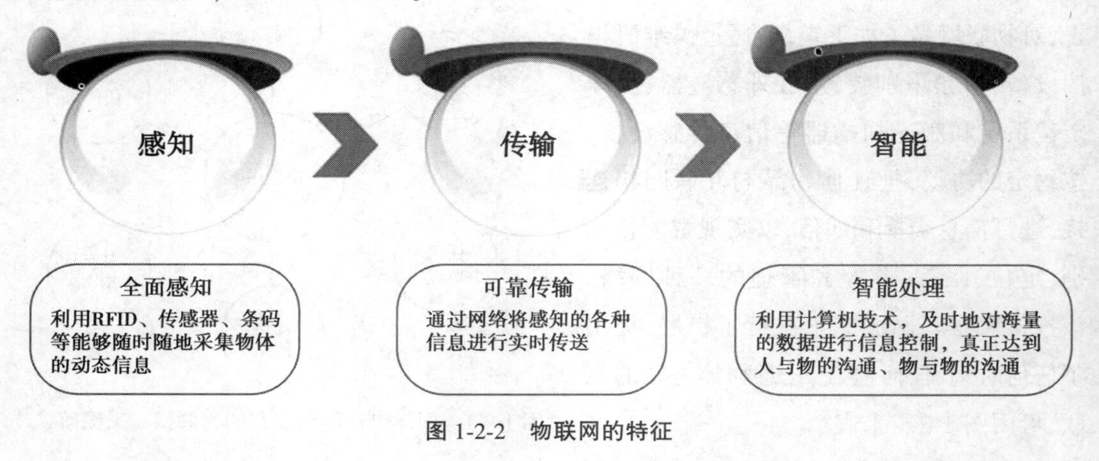

图 1-2-2　物联网的特征

1.全面感知

全面感知,即利用 RFID、传感器、条码及其他各种的感知设备随时随地采集各种动态对象,全面感知世界。在生活中,采用话筒、摄像头、门禁卡、指纹机、温度计等信息采集设备来收集语音、图像、射频信号、身份、温度等各种感知信息,相关的信息采集设备如图 1-2-3所示。

2.可靠传输

可靠传输,利用以太网、无线网、移动网即各种电信网络与互联网的融合,将物体的信息及时准确地传递出去。采用数据网络、移动网络、传输设备、ZigBee、Wi-Fi、蓝牙等传输方式,同时实现信息的双向传递,还要保证信息传输安全,具备防干扰及防病毒能力,其防攻击能力强,具有高可靠的防火墙功能。

3.智能处理

智能处理,即利用云计算、模糊识别等各种智能计算技术,对海量的信息数据进行分

析和处理,对物体实施智能化的控制。智能处理实际上依赖于各种类型的服务器。

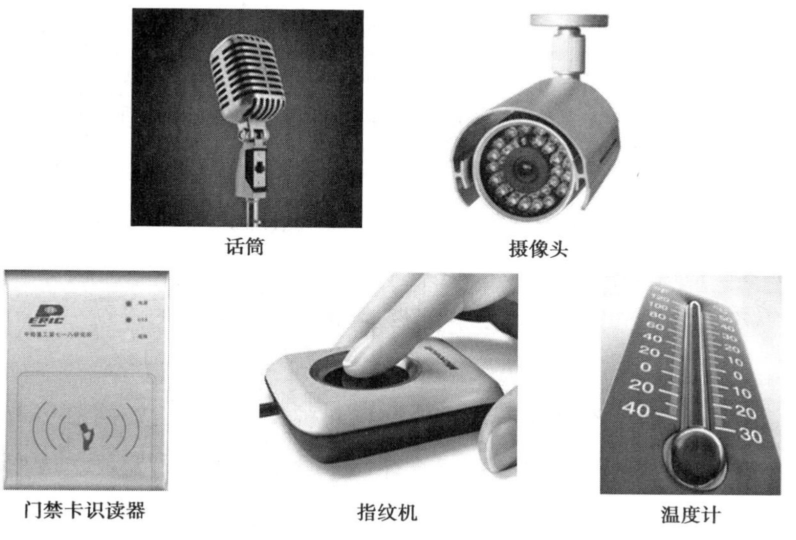

图 1-2-3　信息采集设备

三、物联网体系结构

综合国内各权威物联网专家的分析,将物联网系统划分为 3 个层次:感知层、网络层、应用层,并依此概括地描绘物联网的系统架构,如图 1-2-4 所示。

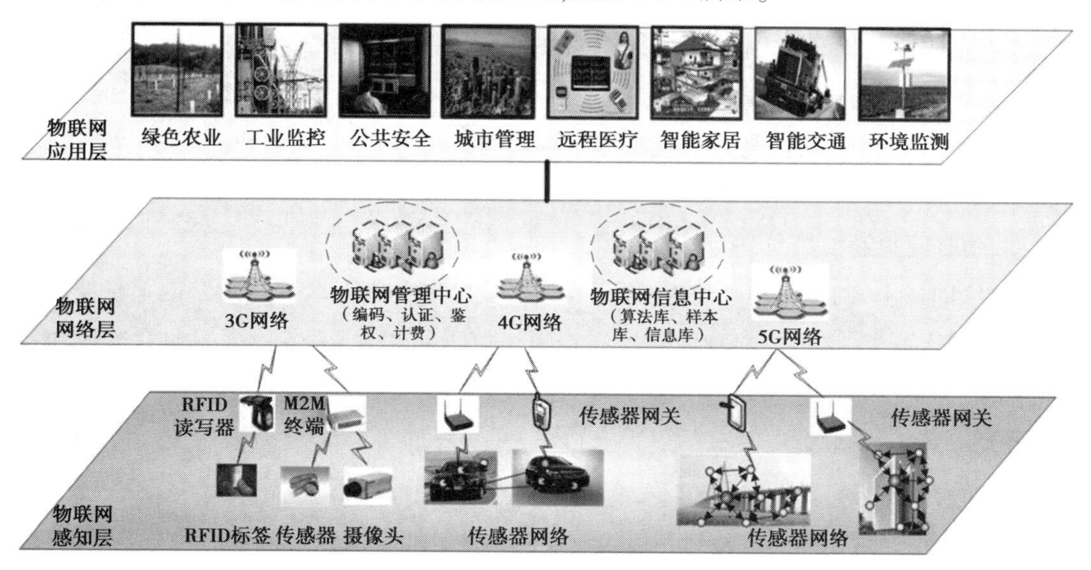

图 1-2-4　物联网体系结构

1.感知层

感知层解决的是人类世界和物理世界的数据获取问题,由各种传感器以及传感器网关构成。该层被认为是物联网的核心层,主要用于物品标识和信息的智能采集,它由基本的感应器件(如 RFID 标签和读写器、各类传感器、摄像头、二维码标签和识读器等)和感应器组成的网络(如 RFID 网络、传感器网络等)两大部分组成。该层的核心技术包括射频技术、新兴传感技术、无线网络组网技术、现场总线控制技术(FCS)等,涉及的核心产品包括传感器、电子标签、传感器节点、无线路由器、无线网关等。

2.网络层

网络层也称为传输层,解决的是感知层所获得的数据在一定范围内(通常是长距离)的传输问题,主要完成接入和传输功能,是进行信息交换、传递数据的通路,包括接入网与传输网两种。传输网由公网与专网组成,典型传输网络包括电信网(固网、移动网)、广电网、互联网、电力通信网、专用网(数字集群)。接入网包括光纤接入、无线接入、以太网接入、卫星接入等各类接入方式,实现底层的传感器网络、RFID网络的"最后一公里"的接入。

3.应用层

应用层也称为处理层,解决的是信息处理和人机界面的问题。网络层传输的数据在这一层里进入各类信息系统进行处理,并通过各种设备与人进行交互。应用层由业务支撑平台(中间件平台)、网络管理平台(如M2M管理平台)、信息处理平台、信息安全平台、服务支撑平台等组成,完成协同、管理、计算、存储、分析、挖掘,以及提供面向行业和大众用户的服务等功能,包括中间件技术、虚拟技术、高可信技术、云计算服务模式、SOA系统架构方法等先进技术和服务模式,可被广泛采用。

在各层之间,信息不是单向传递的,可有交互、控制等功能,所传递的信息多种多样,包括在特定应用系统范围内能唯一标识物品的识别码和物品的静态与动态信息等。尽管物联网在智能工业、智能交通、环境保护、公共管理、智能家庭、医疗保健等经济和社会各个领域的应用千差万别,但是每个应用的基本架构都包括感知、传输和应用3个层次,各种行业和各种领域的专业应用子网都是基于3层基本架构构建的。

四、物联网关键技术

"物联网技术"的核心和基础仍然是"互联网技术",是在互联网技术基础上延伸和扩展的一种网络技术,其用户端延伸和扩展到了任何物品和物品之间,进行信息交换和通信。物联网涉及的主要技术如下所述。

1.自动识别技术

(1)射频识别技术

射频识别技术,是一种利用射频通信实现的非接触式自动识别技术。其与互联网、通信等技术相结合,可实现全球范围内物品跟踪与信息共享。RFID技术应用于物流、制造、公共信息服务等行业,可大幅提高管理与运作效率,降低成本。

(2)条码技术

条码是由一组按特定规则排列的条、空及其对应字符组成的表示一定信息的符号。图1-2-5所示是我们现实生活中经常可以看见的含有条码的标签。条码自动识别技术具有输入速度快、准确度高、成本低和易操作等特点,在物流仓储、自动化生产等领域广泛应用。

(3)传感器技术

利用敏感元件或转换元件,将人类无法直接获取或识别的信息转换成可识别的信息数据的技术。传感器技术不仅能检测到被测量的信息,并且还能将检测到的信息,按一定规律变换成为电信号或其他所需形式的信息输出,以满足信息的传输、处理、控制等要求,这也是实现物联网感知技术的首要环节。目前,传感器技术应用于物流、安保、环境监测、设备检测等方面。以环境监测为例,图 1-2-6 所示是手机传感器,可以感知用户所在位置的温度、气压、海拔并辨别方向。

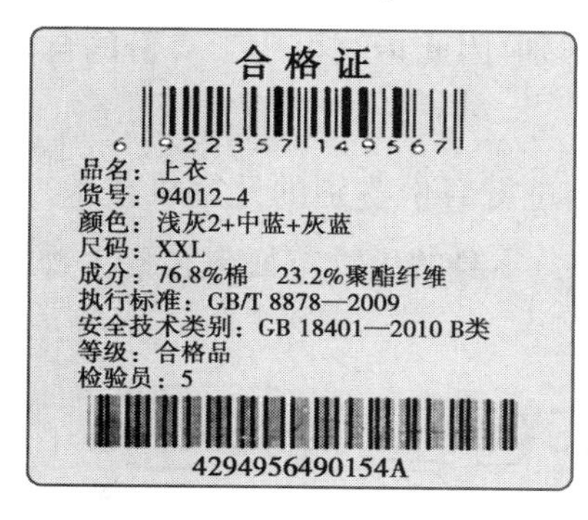

图 1-2-5　含条码的标签

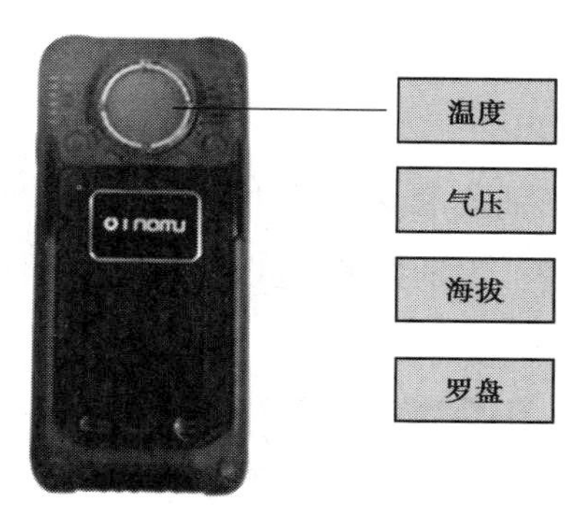

图 1-2-6　手机传感器

(4)生物识别技术

语音识别技术:也称为自动语音识别(Automatic Speech Recognition,ASR),其目标是将人类的语音中的词汇内容转换为计算机可读的输入,如按键、二进制编码或者字符序列。语音识别技术的应用包括语音拨号、语音导航、室内设备控制、语音文档检索、简单的听写数据录入等,如图 1-2-7 所示。

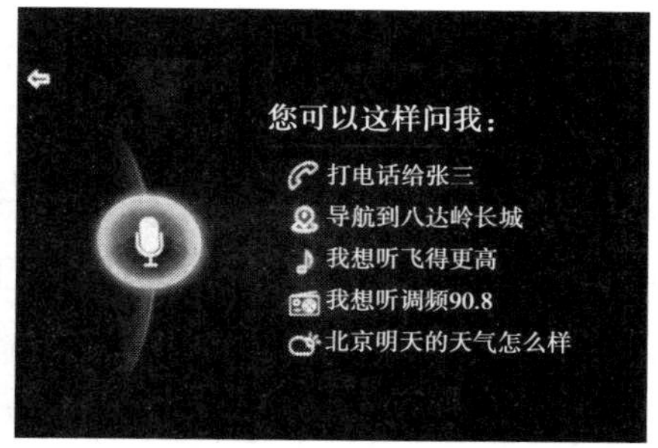

图 1-2-7　语音识别应用

虹膜识别技术:基于眼睛中的虹膜进行身份识别,应用于安防设备(如门禁等),以及有高度保密需求的场所。虹膜是位于黑色瞳孔和白色巩膜之间的圆环状部分,其包含有很多相互交错的斑点、细丝、冠状、条纹、隐窝等细节特征。虹膜在胎儿发育阶段形成后,在整个生命历程中将是保持不变的。这些特征决定了虹膜特征的唯一性,同时也决定了身份识别的唯一性。因此,可以将眼睛的虹膜特征作为每个人的身份标识,如图 1-2-8 所示。

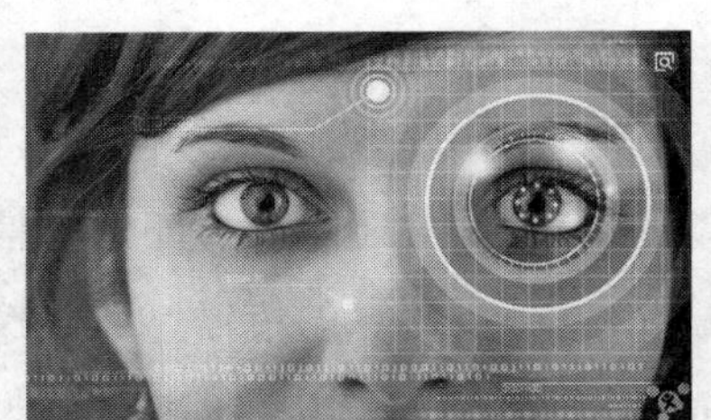

图 1-2-8　虹膜识别应用

指纹识别技术：通过比较不同指纹的细节特征点来进行自动识别。由于每个人的指纹不同，就是同一人的十指之间，指纹也有明显区别，因此指纹可用于身份的自动识别，如图 1-2-9 所示。

人脸识别技术：利用分析比较人脸特征信息进行身份鉴别的计算机技术。人脸识别属于生物特征识别技术，是以生物体（一般特指人）本身的生物特征来区分生物体个体，如图 1-2-10 所示。

图 1-2-9　指纹识别

图 1-2-10　人脸识别在 ATM 机上的应用

2. 网络与通信技术

（1）短距离无线通信技术

ZigBee 技术：一种新兴的短距离、低速率、低功耗、低成本的无线网络技术，一种介于无线标记技术和蓝牙技术之间的技术提案，该技术依据的研发标准是 IEEE802.15.4 无线标准。ZigBee 技术主要应用在短距离范围内且数据传输速率要求不高的电子设备之间，通过多个 ZigBee 节点的部署，建立一个无线传感器网络，达到传输数据信息的目的。

红外技术：一种利用红外线进行点对点通信的技术，其相应的软件和硬件技术都已比较成熟。它采用红外线作为通信媒介，支持近距离无线数据传输规范。

Wi-Fi 技术：一种允许电子设备连接到一个无线局域网（WLAN）的技术，通常使用 2.4G UHF 或 5G SHF ISM 射频频段。设备连接的无线局域网通常有密码保护，但无线局域网也可以是开放的，这样就允许覆盖范围内的设备都可以连接。图 1-2-11 所示为 Wi-Fi 技术在我们生活中的智能应用。

蓝牙技术：一种低功率、短距离的无线连接技术标准，该技术采用较低的成本完成设备间的无线通信，该技术的出现推动和拓展了无线通信的应用领域。

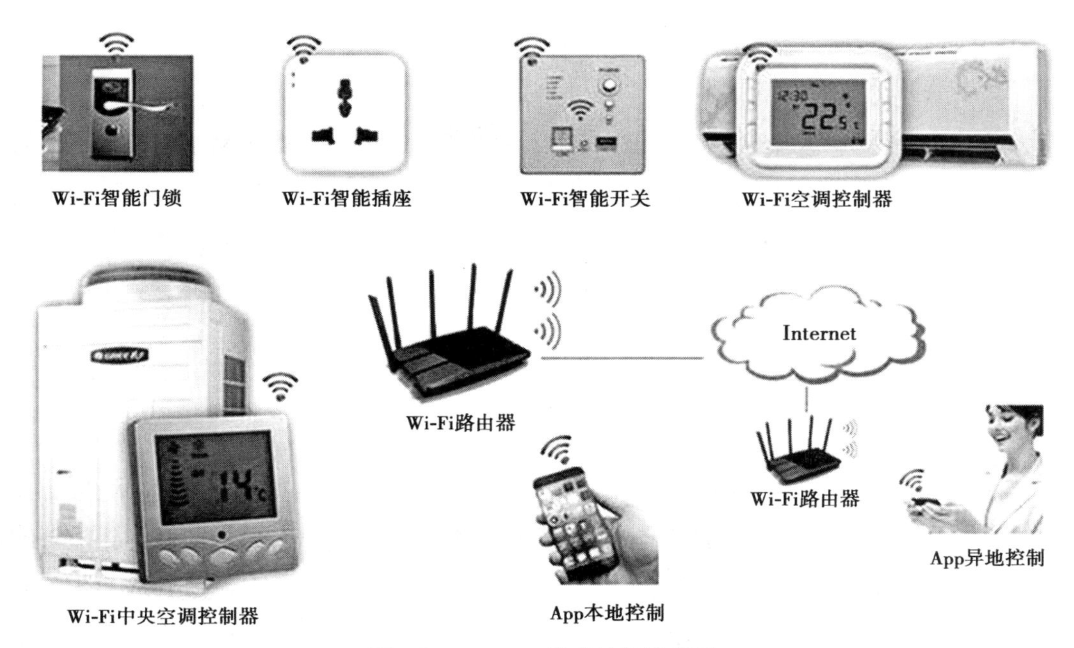

图 1-2-11　Wi-Fi 技术的智能应用

蓝牙具有功耗低及体积小的特性,因此它可以被集成到对数据传输速率要求不高的移动设备和便携设备中。其主要应用领域包括家用无线联网、移动办公和会议联网、个人局域网、Internet 接入服务、移动电子商务等。图 1-2-12 所示为蓝牙技术在人们生活中的应用。

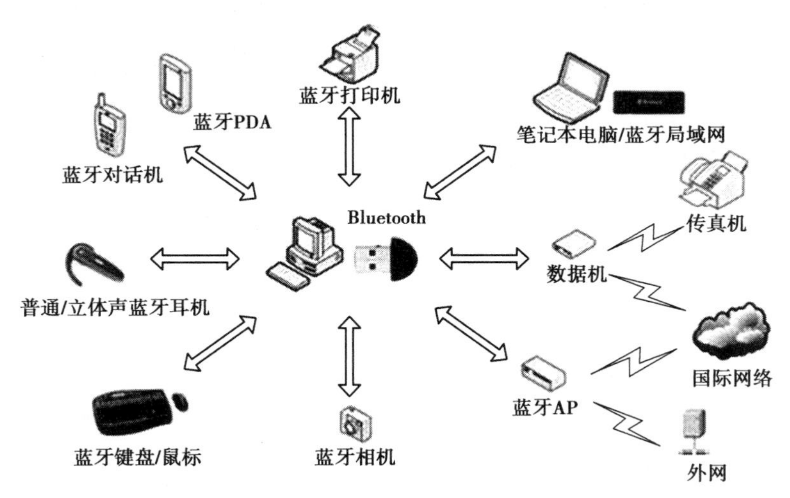

图 1-2-12　蓝牙技术的应用

(2)移动通信技术

一个完整的物联网系统由前端信息生成、中间的传输网络以及后端的应用平台构成。如果将信息终端局限在固定网络中,期望中的无所不在的感知识别将无法实现。移动通信网络,特别是 5G 网络,将成为物联网系统信息传输的有效平台。中国移动公司总裁王建宙曾说:“我们梦想,有一天人们出去了,什么东西都可以不用拿,你只要有个手机,所有问题都可以解决。”而现在，我们已基本实现了这样的梦想。

(3)计算机网络技术

计算机网络技术是通信技术与计算机技术相结合的产物。计算机网络是按照网络协议，将地球上分散的、独立的计算机相互连接的集合。连接介质可以是有线的或无线的，常用的有线介质有同轴电缆、双绞线、光纤等，常用的无线介质有微波、载波或通信卫星信号等。计算机网络具有共享硬件、软件和数据资源的功能，具有对共享数据资源集中管理和维护的能力。

3. 数据处理技术

(1)云计算

云技术(Cloud Technology)是基于云计算商业模式应用的网络技术、信息技术、整合技术、管理平台技术、应用技术等的总称，可以组成资源池，按需使用，灵活便利。伴随着物联网行业的高度发展和应用，将来每个物品都有可能存在自己的识别标志，都需要传输到后台系统进行逻辑处理，不同级别的数据将会分开处理，各类行业数据皆需要强大的系统后台支撑，只能通过云计算来实现。

(2)大数据

随着物联网技术的蓬勃发展，未来社会将面临新一轮的数字化变革，所有能独立寻址的物理对象都将加入物联网。不仅各种信息设备，如手机、电脑、交换机等与互联网进行无缝连接，一些机动设备，如汽车、邮轮，甚至包括各种医疗和工业器械在内的设备也被接入互联网，这将使得物联网中数据量庞大到以百亿为单位。这些对象所产生的数据或信息也将是各种传统应用所无法企及的，将导致网络上的数据在现有基础上再一次呈爆发式增长，对数据存储带来了巨大的挑战。

▶ 知识拓展

神奇的物联网之家

结合“神奇的物联网之家”视频资料，分组讨论视频中展示了人们身边的哪些物品，它们在物联网技术的帮助下，有怎样的神奇功能。

▶ 任务小结

物联网绝不能狭隘地理解为互联网。物联网与互联网之间是有联系的：互联网是物联网的基础；物联网是互联网发展的延伸。突破传统思维，在“物联”时代，“现实的世间万物”将与“虚拟的互联网”整合为统一的“整合网络”，全世界的运转以此为基础。物联网是在计算机互联网的基础上，利用 RFID、无线数据通信等技术，构造一个覆盖世界上万事万物的“Internet of Things”。在这个网络中，物品能够彼此进行“交流”，而无须人的干预。物联网的实质是利用射频自动识别技术，通过计算机互联网实现物品(商品)的自动识别和信息的互联与共享。通过学习，知道在实际生活中涉及的物联网关键技术。

▶ 任务评价

评价内容	评价方式	评价等级	
		优秀	合格
物联网的概念	提问或作业	能完整清晰表述或书写	能表述
物联网的特征	提问或作业	能完整清晰表述或书写	能表述
物联网的体系结构	提问或作业	能完整清晰表述或书写	能表述
物联网的关键技术	提问或作业	能完整清晰表述或书写	能表述
课堂笔记是否美观、完整	随堂或作业	书写整齐且完整	有笔记

▶ 任务检测

一、填空题

1.__________年__________的 Kevin Ashton 教授首次提出物联网的概念，即把所有物品通过__________等信息传感设备与互联网连接起来，实现智能化__________和__________。简而言之，物联网就是“__________”。

2.物联网中最为关键的 3 个特征：__________、__________、__________。

3.在生活中，采用__________、摄像头、__________、__________、温度计等信息采集设备来收集__________、__________、射频信号、身份、__________等各种感知信息。

4.__________，利用以太网、__________、移动网即各种电信网络与互联网的融合，将物体的信息及时准确地传递出去。

5.__________，即利用__________、模糊识别等各种智能计算技术，对海量的信息和__________进行分析和处理，对物体实施__________的控制。

6.物联网系统划分为 3 个层次：__________、__________、__________。

7.物联网的核心层：__________。__________也可称为处理层，解决的是__________和人机界面的问题。

8.__________（Radio Frequency Identification，RFID）技术，是一种利用射频通信实现的非接触式自动识别技术。

9.__________是由一组按特定规则排列的__________、__________及其对应字符组成的表示一定信息的符号。

10.利用__________或__________，将人类无法直接获取或识别的信息转换成可识别的信息数据的技术。目前该技术应用于__________、安防、__________、设备检测等方面。

11.__________也称为自动语音识别（Automatic Speech Recognition，ASR），其目标是将人类语音中的__________转换为__________的输入。

12.__________是基于眼睛中的__________进行身份识别，应用于__________（如门禁等),以及有高度保密需求的场所。

13.常用短距离无线通信技术有__________、__________、__________、__________。

14.计算机网络技术是__________与__________相结合的产物。

15.__________(Cloud Technology)是基于云计算商业模式应用的网络技术、信息技术、整合技术、管理平台技术、应用技术等的总称。

二、简答题

1.物联网的概念是什么?(举例3种说法)

2.物联网可分为3层,它们的含义是什么?各自解决什么问题?

3.列举自动识别技术中的主要技术,说一说它们的定义和应用。(至少列举3个)

4.列举网络与通信技术中的主要技术,说一说它们的定义和应用。(至少列举3个)

任务三 物联网应用

▶ 任务分析

通过本任务的学习,让学生了解物联网技术在社会各行业中的应用,并通过几个具体的物联网应用案例,让学生充分理解物联网技术在某个具体领域的应用现状。根据所了解的具体应用,特别是针对关键技术的应用,进一步加深学生对知识的理解,启发他们的想象力和创造力,激发学习兴趣。

▶ 任务讲解

物联网是通信网络的应用延伸和拓展,是信息网络上的一种增值应用。感知、传输、应用3个环节构成物联网产业的关键要素:感知(识别)是基础和前提;传输是平台和支撑;应用则是目的,是物联网的标志和体现。物联网发展不仅需要技术,更需要应用,应用是物联网发展的强大推动力。

一、物联网应用领域

"十三五"时期是我国物联网加速进入"跨界融合、集成创新和规模化发展"的新阶段,与我国新型工业化、城镇化、信息化、农业现代化建设深度交汇,具有广阔的发展前景。其中具有重要示范意义的领域,分别是智能制造、智慧农业、智能物流、智慧交通、智能电网、智能环保、智能安防、智慧医疗和智慧家居等。

1.智能制造

在我国的物联网"十三五"发展规划中将智能制造应用示范工程归纳为:围绕重点行业制造单元、生产线、车间、工厂建设等关键环节进行数字化、网络化、智能化改造,推动生产制造全过程、全产业链、产品全生命周期的深度感知、动态监控、数据汇聚和智能决策。

通过对现场级工业数据的实时感知与高级建模分析，形成智能决策与控制。完善工业云与智能服务平台，提升工业大数据开发利用水平，实现工业体系个性化定制、智能化生产、网络化协同和服务化转型，加快智能制造试点示范，开展信息物理系统、工业互联网在离散与流程制造行业的广泛部署应用，初步形成跨界融合的制造业新生态（见图 1-3-1）。

图 1-3-1　智能工业机器人

2.智慧农业

智慧农业是通过实时采集温室内温度、土壤温度、CO_2 浓度、空气湿度以及光照、露点温度等环境参数，来自动开启或者关闭指定设备。可以根据用户需求，随时进行处理，为农业综合生态信息自动监测、环境自动控制和智能化管理提供科学依据。图 1-3-2 所示为智慧农业中智能大棚示意图。

智慧农业简介

智慧农业宣传片

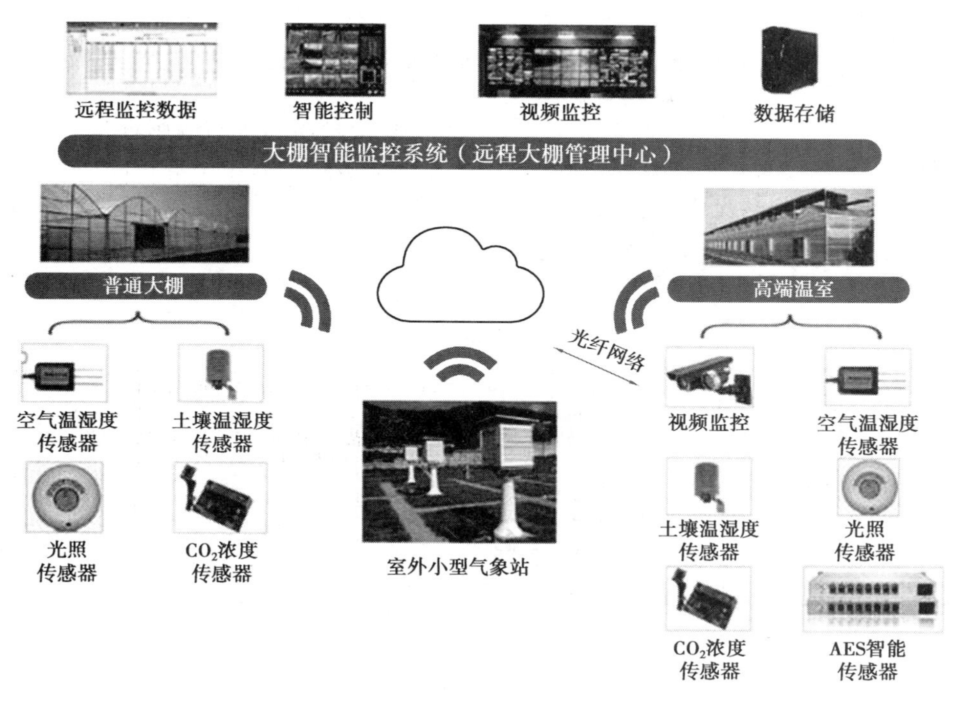

图 1-3-2　智慧农业中智能大棚示意图

3.智能物流

智能物流就是利用条形码、射频识别技术、传感器、全球定位系统等先进的物联网技术，通过信息处理和网络通信技术平台广泛应用于物流业的运输、仓储、配送、包装、装卸等基本活动环节，实现货物运输过程的自动化运作和高效率优化管理，提高物流行业的服务水平，降低成本，减少自然资源和社会资源消耗。物联网为传统物流技术与智能化系统

京东智能物流简介

阿里巴巴
智能物流
宣传片

运作管理相结合提供了一个很好的平台,进而能够更好、更快地实现智能物流信息化、智能化、自动化、透明化、系统化的运作模式。图 1-3-3 所示为京东智能物流设备展示图,包括配送机器人、送货无人机等智能设备。

图 1-3-3　京东智能物流设备展示图

4.智慧交通

智慧交通系统(Intelligent Transportation System,ITS)是未来交通系统的发展方向,它是将先进的信息技术、数据通信传输技术、电子传感技术、控制技术及计算机技术等有效地集成运用于整个地面交通管理系统而建立的一种在大范围内、全方位发挥作用的,实时、准确、高效的综合交通运输管理系统。

智慧交通系统包括交通信息服务系统、交通管理系统、电子收费系统、紧急救援系统等。图 1-3-4 所示为电子收费系统中的 ETC 不停车收费系统。

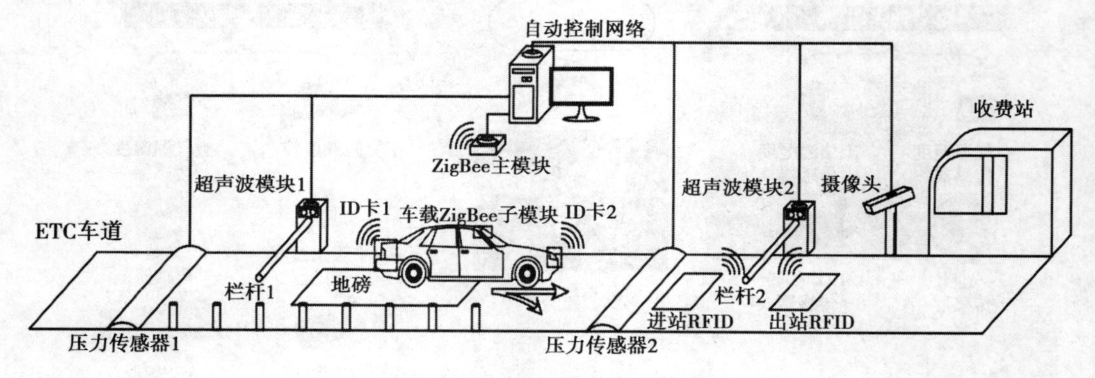

图 1-3-4　ETC 不停车收费系统

5.智能电网

智能电网就是电网的智能化(智电电力),也被称为“电网 2.0”,它是建立在集成的、高速双向通信网络的基础上,通过应用先进的设备、传感和测量技术、控制方法以及决策支持系统,实现电网的可靠、安全、经济、高效、环保的目标。其主要特征包括自愈、激励和保护用户、抵御攻击、提供满足用户需求的电能质量、容许各种不同发电形式的接入、资产优化与高效运行。图 1-3-5 所示为智能配电网示意图。

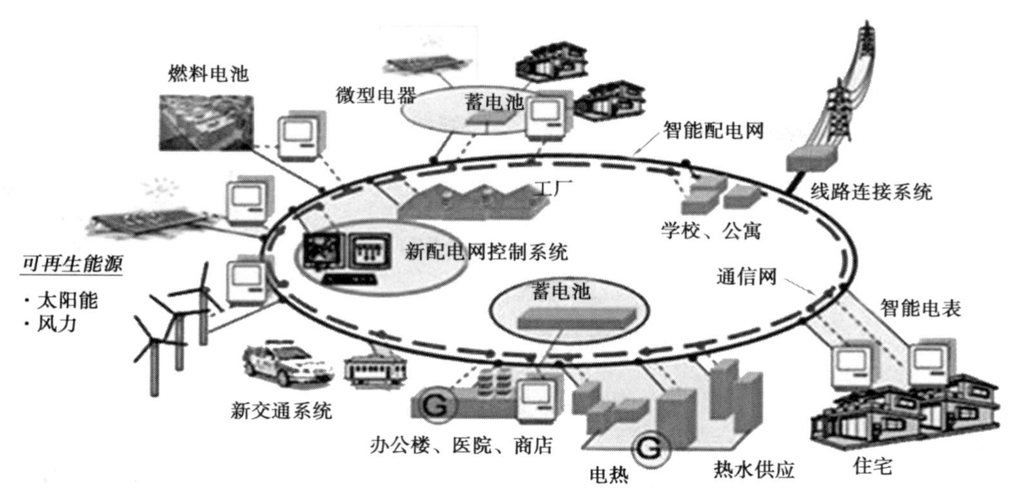

图 1-3-5　智能配电网示意图

6.智能环保

“智能环保”是“数字环保”概念的延伸和拓展,它是借助物联网技术,把感应器和装备嵌入到各种环境监控对象(物体)中,通过超级计算机和云计算的支持,可以实现人类社会与环境业务系统的整合,以更加精细和动态的方式实现环境管理。例如,南京月牙湖水质检测管理系统,如图 1-3-6 所示,通过水质在线监测站,实时跟踪水质的变化,并向社会公示。人们可以通过手机实时了解水质情况,一旦有污染发生,也可以第一时间追踪源头。

图 1-3-6　南京月牙湖水质检测

7.智能安防

物联网技术的普及与应用,使得城市的安防从过去简单的安全防护系统向城市综合化防护体系演变,城市的安防项目涵盖众多的领域,有街道社区、楼宇建筑、银行邮局、道路、机动车辆、警务人员、移动物体、船只等。特别是对某些重要场所,如机场、码头、水电气厂、桥梁大坝、河道、地铁等,引入物联网技术后可以通过无线移动、跟踪定位等手段建立全方位的立体防护。它是兼顾了整体城市管理系统、环保监测系统、交通管理系统、应急指挥系统等应用的综合体系。图 1-3-7 所示为楼宇建筑中智能安防系统示意图。

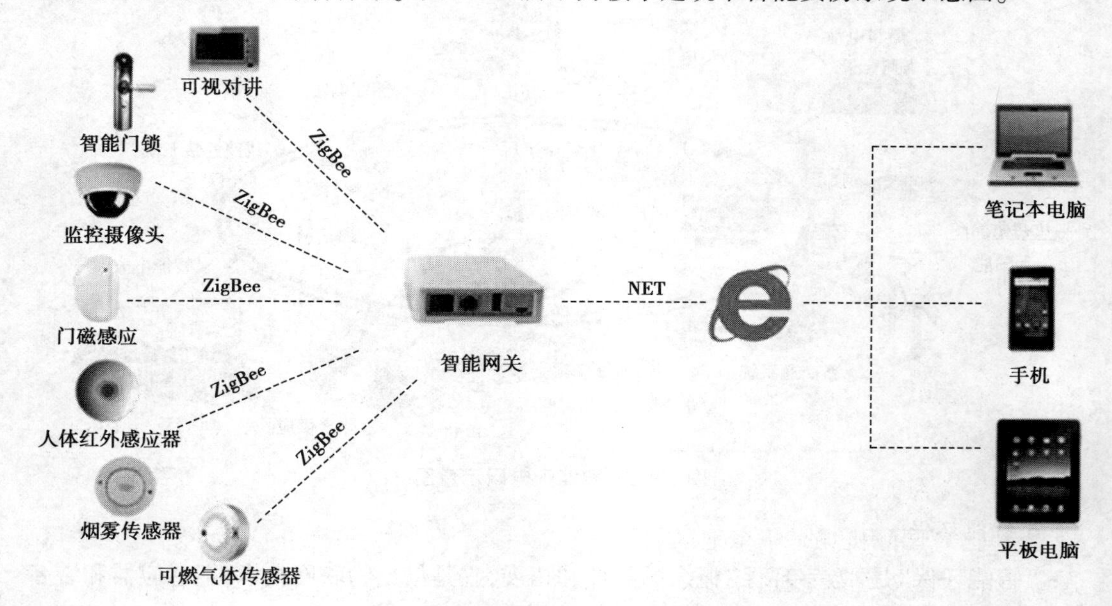

图 1-3-7　楼宇智能安防系统示意图

8.智慧医疗

智慧医疗可以打造健康档案医疗信息平台，利用最先进的物联网技术，实现患者与医务人员、医疗机构、医疗设备之间的互动，逐步达到信息化。在不久的将来，医疗行业将融入更多人工智慧、传感技术等高科技，使医疗服务走向真正意义的智能化，推动医疗事业的繁荣发展，智慧医疗正在走进寻常百姓的生活，如图 1-3-8 所示。

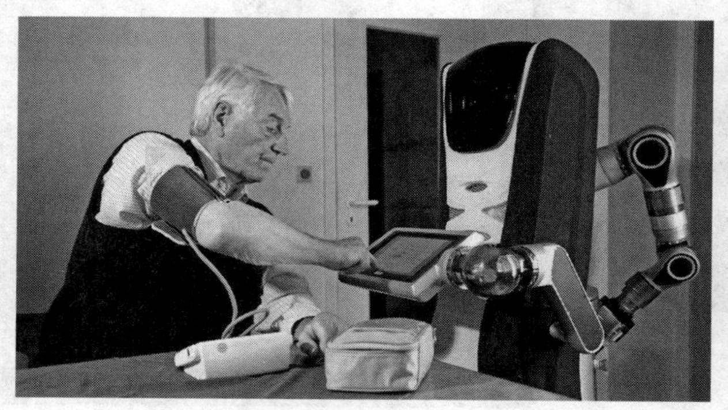

图 1-3-8　智慧医疗示意图

9.智慧家居

智慧家居又称智能住宅，是以住宅为平台，利用综合布线技术、网络通信技术、安全防范技术、自动控制技术、音视频技术将与家居生活有关的设施集成在一起，构建高效的住宅设施及家庭日常事务的管理系统，提升家居的安全性、便利性、舒适性、艺术性，并建立环保节能的居住环境。

2019 年 3 月，第 18 届中国家电及消费电子博览会以“AI 上 · 智慧生活”为主题，在上

海新国际博览中心举行，让现场观众体验到一个充满未来科技感的智慧之家，如图 1-3-9 所示。

 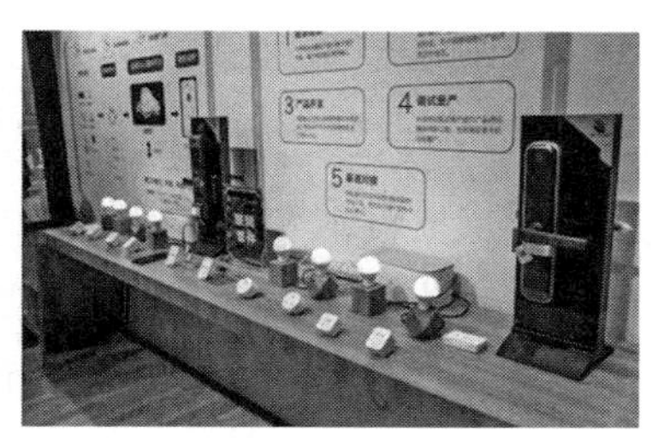

图 1-3-9　第 18 届中国家电及消费电子博览会家电设备展示现场

二、常见物联网应用案例

物联网不仅仅是一个概念，它已经在很多领域都有应用，常见的应用案例如下所述。

1.上海浦东机场防入侵系统

上海浦东机场防入侵宣传片

上海浦东国际机场是华东地区的国际枢纽航空站，占地 50 多平方千米，日均起降航班超过 1 000 架次，年旅客运输量达到 7 000 万人次、年货邮吞吐量达到 420 万吨。周界防范主要依靠物理围界和人员定期巡逻的方式，存在一定的安全漏洞和隐患。同时因为机场所属区域气候条件复杂，周界又临近道路，常年有大型货车经过，因此传统一、二代技防手段都无法完成浦东机场周界技防的重任。

2007 年物联网传感器产品率先在上海浦东国际机场防入侵系统中得到应用。机场防入侵系统铺设了 3 万多个传感节点，覆盖了地面、栅栏和低空区域，可以防止人员的翻越、偷渡、恐怖袭击等攻击性入侵，如图 1-3-10 所示。

图 1-3-10　上海浦东国际机场传感器设备安装实景

安防行业信息化的发展经历了视频监控、信号驱动以及目标驱动 3 个阶段。单一的视频监控已经不能满足人们对安全防护的需求；而信号驱动类产品包括振动光纤、张力围栏、激光对射、泄漏电缆等。此类产品使用单一的信号量开关来检测入侵行为，误警率较高，且无法实现对入侵行为的精确定位。大部分信号驱动类的防入侵产品的核心技术均掌握在国外厂商手中，这对系统后期的运营、维护造成了一定的困难。基于物联网的融合感知节点系列产品，可以通过传感器阵列采集丰富的信号量，并在预先设定的准则下进行自动分析，综合完成对入侵行为的识别和判断；它拥有环境自适应机制，可根据天气变化自动调节自身算法，减少环境带来的误警,真正实现全天候、全天时的防入侵要求。另外,该类产品可以根据传感器位置对入侵报警及故障设备进行精确定位,为后期的运维、管理提供极大的方便。

2.无锡市建设"感知太湖,智慧水利"项目

智慧水利

2010年,无锡市开始建设"感知太湖,智慧水利"项目,该项目旨在基于先进的指挥控制平台,应用物联网技术对水文水质、水位、雨量、取水量、流量、地下水、蓝藻湖泛等进行智能感知,实现相关业务数据的集中管理,实现对车船、泵站、水闸等的智能调度,最终达到防汛防旱、智能预警、水体环境智能监测和水资源合理优化配置等目的。图1-3-11所示为智慧水利系统整体架构示意图。

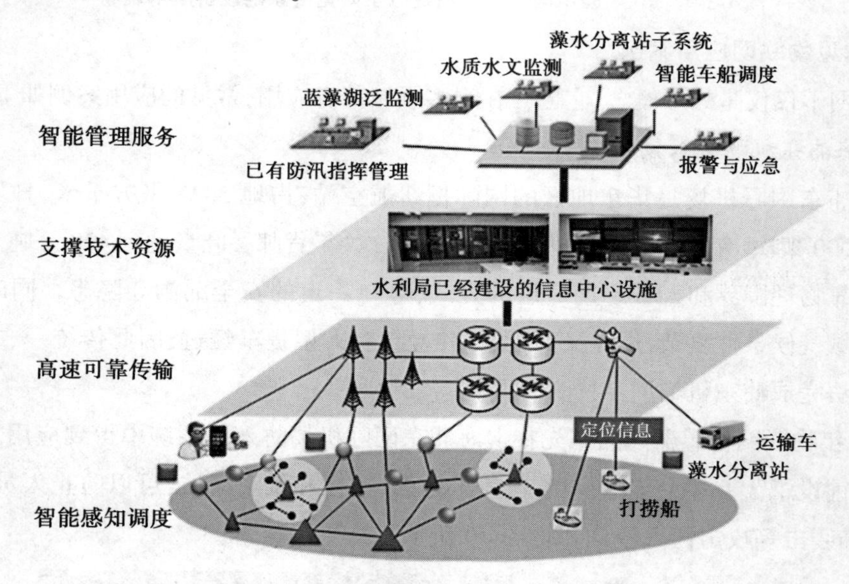

图1-3-11 智慧水利系统整体架构示意图

3.世界上第一个无线葡萄园

2002年,英特尔公司率先在美国的俄勒冈州建立了世界上第一个无线葡萄园(见图1-3-12)。传感器节点被分布在葡萄园的每个角落,每隔一分钟检测一次土壤温度、湿度和该区域有害物的数量,以确保葡萄可以健康生长。研究人员发现,葡萄园气候的细微变化可极大地影响所产葡萄酿出的葡萄酒的质量。通过长年的数据记录以及相关分析,便能精确掌握葡萄酒的质地与葡萄生长过程中日照、温度、湿度的确切关系。这是一个典型的精准农业、智能耕种的实例。

4.大鸭岛监测

2002年,英特尔的研究小组和加州大学伯克利分校以及巴港大西洋大学的科学家把无线传感器网络技术应用于监视大鸭岛海燕的栖息情况。美国缅因州的大鸭岛上有许多海燕栖息,由于岛上环境恶劣,加之海燕又十分机警,研究人员无法采用常规方法对海燕进行跟踪观察。为此他们使用了包括光敏传感器、湿度传感器、气压计、红外传感器、摄像头在内的近10种传感器布置了数百个节点,组成了一个完整的监测系统。系统通过自组

织无线网络，将数据传输到300英尺*外的基站计算机内，再由此经卫星传输至加利福尼亚州的服务器。在那之后，全球的研究人员都可以通过互联网察看该地区各个节点的数据，掌握第一手的环境资料，为生态环境研究提供了一个极为有效、便利的平台。图1-3-13为大鸭岛生态环境检测系统网络结构示意图。

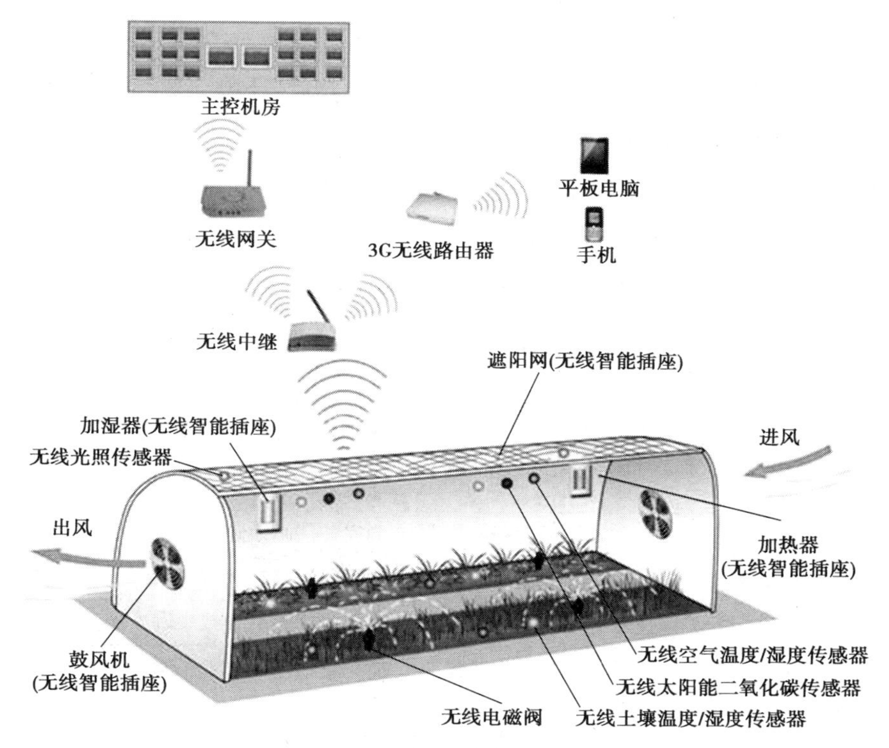

图1-3-12　无线葡萄园示意图

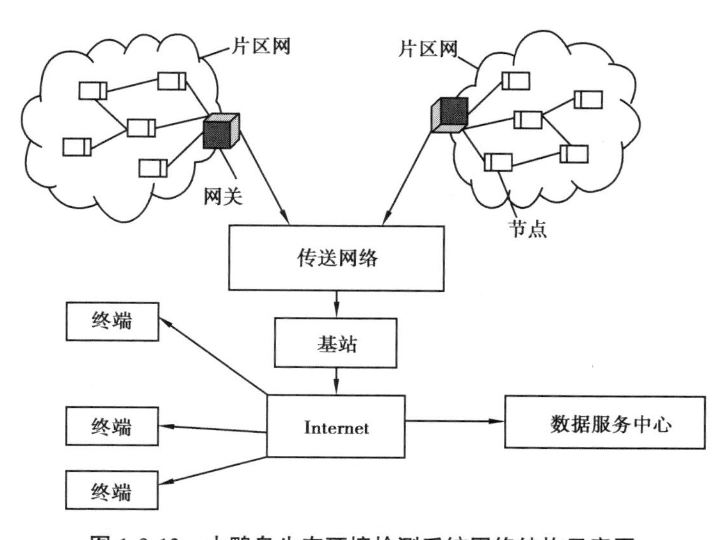

图1-3-13　大鸭岛生态环境检测系统网络结构示意图

* 1英尺=0.304 8米。

在这个方案中,每个片区的传感器节点通过自组织组成一个小型网络,网络中节点之间传递信息采用多跳路由协议,每个片区中的节点都可以互相通信以及进行数据转发,最终通过网关传送到互联网,再传送到每个终端用户,终端用户通过建立对应应用程序对数据进行处理分析,研究人员根据分析结果可以了解岛上的生态环境。

▶ 任务小结

物联网应用前景非常广阔,应用领域将遍及工业、农业、环境、医疗、交通、社会各个方面。从感知城市到感知中国、感知世界,信息网络和移动信息化将开启人与人、人与机、机与机、物与物、人与物互联的可能,使人们的工作生活时时联通、事事链接,从智能城市到智能社会、智慧地球。未来数年是物联网相关产业以及应用迅猛发展的时期。学生应能够将理论联系实际,关注自己生活中的物联网应用实例,了解它们的组成结构、采用的关键技术及发展前景,从而热爱生活,热爱物联网这一门学科。

▶ 任务评价

评价内容	评价方式	评价等级	
		优秀	合格
物联网的应用领域	提问或作业	能完整清晰表述或书写	能表述
物联网的实际应用案例	提问或作业	能完整清晰表述或书写	能表述
物联网应用实例中采用的关键技术	提问或作业	能完整清晰表述或书写	能表述
未来物联网应用实例中美好的场景	提问或作业	能完整清晰表述或书写	能表述
课堂笔记是否美观、完整	随堂或作业	书写整齐且完整	有笔记

▶ 任务检测

一、填空题

1.在____________________中将__________应用示范工程归纳为:围绕重点行业制造单元、__________、车间、__________等关键环节进行数字化、__________、智能化改造,推动生产制造__________、__________、产品全生命周期的深度感知、__________、数据汇聚和__________。

2.__________是实时采集温室内温度、__________、CO_2 浓度、空气湿度以及__________、叶面湿度、露点温度等环境参数,来自动开启或者关闭指定设备。

3.__________就是利用__________、射频识别技术、__________、全球定位系统等先进的物联网技术通过信息处理和网络通信技术平台广泛应用于物流业的运输、__________、配送、__________、装卸等基本活动环节,实现货物运输过程的自动化运作和高效率优化管理,提高物流行业的服务水平,降低成本,减少自然资源和社会资源消耗。

4.__________是将先进的__________、数据通信传输技术、__________、控制技术及计算机技术等有效地集成运用于整个地面交通管理系统而建立的一种在大范围内、全方位发挥作用的，__________、准确、__________的综合交通运输管理系统。

5.“__________”是“__________”概念的延伸和拓展，它是借助__________，把感应器和装备嵌入到各种环境监控对象（物体）中，通过超级计算机和__________的支持可以实现__________与环境业务系统的整合，以更加精细和动态的方式实现环境管理。

6.__________的普及与应用，使得城市的安防从过去简单的__________向__________演变。

二、简答题

1.什么是智能制造？

2.什么是智能物流？其中采用了哪些关键技术？

3.什么是智能电网？其特征是什么？

4.什么是智慧家居？

三、实作题

1.同学们可以分组在实际生活中寻找物联网的各种应用，并拍摄照片记录下来，比一比哪一组找得更多。

2.根据所找到的实际生活中的物联网应用案例，说一说这些案例中分别用到了哪些物联网的关键技术。

项目二　物联网感知层

项目概述

通常来说，物联网技术体系结构可以分为感知层、网络层和应用层3部分。感知层相当于物联网的眼睛、耳朵、鼻子、嘴巴以及皮肤，主要包括各种传感器（如温湿度传感器、二氧化碳传感器、火焰传感器、风速传感器等）、条形码标签和读写器、RFID标签和读写器、摄像头、定位技术（如GPS、蜂窝定位技术等）等感知终端。感知层的目的就是让物体像人一样，可以实现“开口说话”。总的来说，物联网感知层主要用于采集物理世界中发生的物理事件和数据，包括各种物理量、身份信息、位置信息、音频、视频等数据。

本项目是对物联网的最底层（即感知层）进行较为详细的讲解。通过本项目的学习，使学生能认知一维和二维条形码技术、RFID标签技术、传感器技术及常见定位技术，并能熟知这些技术在物联网中的作用及其典型应用。

项目目标

知识目标：

- 认知物联网自动识别技术的背景和发展历程；
- 理解物联网自动识别技术（条形码技术、传感器技术、RFID技术、定位技术）的基本概念；
- 理解物联网自动识别技术的特征和分类；
- 理解物联网自动识别技术的应用。

能力目标：

- 能对物联网感知层中典型的感知识别技术进行简单应用。

素养目标：

- 培养学生养成探究学习、小组合作的好习惯；
- 培养学生将理论问题与生活实例相联系的思考方式。

任务一 条形码技术

▶ 任务分析

本任务介绍常用的条形码技术，主要包括一维条形码技术和二维条形码技术。通过本任务的学习，学生可以了解条形码技术的基本概念和典型分类，进一步了解条形码技术在生活中的典型应用，这将为学生学习物联网体系结构奠定良好基础。

▶ 任务讲解

一维条形码技术最早出现于20世纪20年代。在Westinghouse实验室里，一名叫约翰·柯默德(John Kermode)的发明家，为了实现对邮件进行自动分拣，发明了最早的条形码。其设计方案为：一个“条”表示数字“1”，两个“条”表示数字“2”，3个“条”表示数字“3”，以此类推。然后，他又发明了由扫描器、译码器、边缘定位线圈组成的条码识读设备。

二维条形码技术最早诞生于20世纪40年代初，但得到实际应用和迅速发展还是在最近20年。在通用商品条码的应用系统中，最先采用的是一维条形码。在二维条形码技术方面，已研制出多种码制，这些二维条形码的密度都比传统的一维条形码有了较大的提高。接下来，我们就分别来学习这两种条形码技术。

一、一维条形码技术

在商品的外包装上，我们通常都能看到一组黑白相间的条纹以及一串数字，这就是我们所说的一维条形码，如图2-1-1所示。一维条形码是商品在国际市场上流通的一种“共同语言”，是商品进入国际市场和超市的“通关牌”。那么，条码中黑白相间的条纹是什么意思？条纹下方的一串数字又是什么意思？在超市中购买糖果等散装食品时，为什么在糖果上没有看到条码呢？这种商品又是怎样进行流通的呢？让我们一起来认识一维条形码技术。

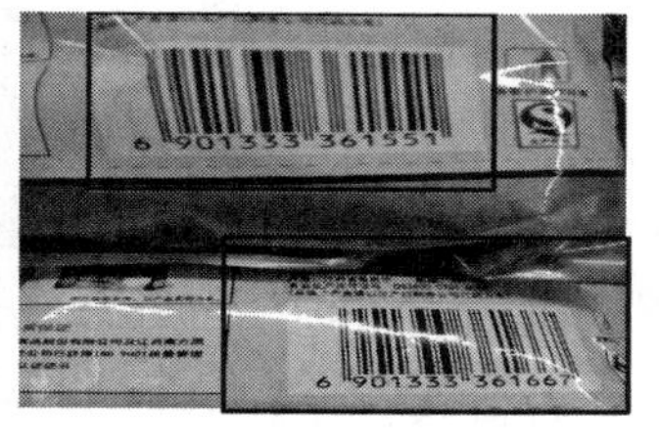

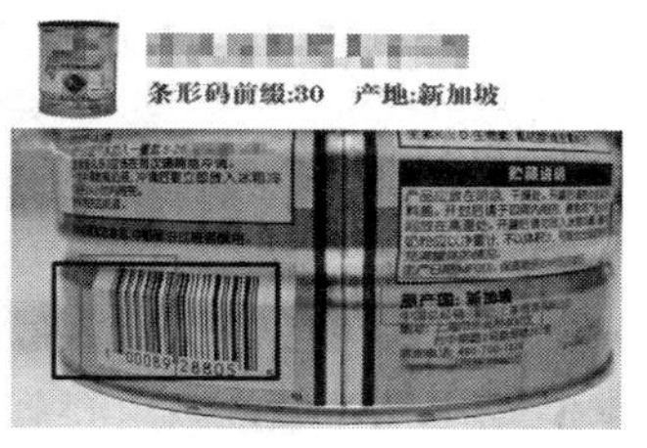

图2-1-1 各种商品外包装上的一维条形码

1.基本定义

一维条形码是最传统的条形码,是由一组规则排列的条、空以及对应的字符、数字组成的标记。其中,“条”是指对光线反射率较低的部分,即人们所说的黑条纹;“空”是指对光线反射率较高的部分,即人们所说的白条纹,如图 2-1-2 所示。

图 2-1-2　条码中的条空部分

条空下方的一串数字所表示的信息和条空所代表的信息是一样的。条和空的组合相当于是对数据的翻译,这是为了方便设备的扫描和识读,只需要使用扫描器轻轻扫描一下,我们就可以马上知道商品的相关信息,非常方便,如图 2-1-3 所示。当设备出现故障,不能扫描一维条形码时,通过人工输入条空下方的一串数字,同样也可以知道商品的相关信息。

图 2-1-3　条码扫描识别

2.扫描原理

当条码扫描器发出的光束扫过条码时,扫描光线照在浅色的空上容易反射,而照到深色的条上则容易不反射,这样被条空反射回来的强弱、长短不同的光信号即转换成相应的电信号,经过处理后变为计算机可接收的数据,从而识读出商品上的条码信息。商品信息输入电子收款机中的计算机后,计算机自动查阅商品数据库中的价格数据,再反馈给电子收款机,随后打印出售货清单及金额,这一切速度之快,几乎与扫描条码同步完成。

3.常见分类

目前,全世界一维条形码的种类达到 225 种,而最通用的标准是 UPC 码、EAN 码、39 码、128 码等。此外,书籍和期刊也有国际统一的编码,称为 ISBN(国际标准书号)和 ISSN(国际标准丛刊号)。

(1)UPC码

UPC(Universal Product Code)码是由美国统一代码委员会制定的一种商品条码,主要用于美国和加拿大。我国有些出口到北美地区的商品为了适应北美地区的需要,也需要申请UPC条码。UPC条码有标准版和缩短版两种,标准版由12位数字构成,缩短版由8位数字构成。UPC码共有A、B、C、D、E 5种版本,如图2-1-4所示为UPC-A和UPC-E两种条码。

图2-1-4　UPC-A和UPC-E码

(2)EAN码

EAN(European Article Number)码是国际物品编码协会制定的一种商品条码,通用于全世界。EAN码有标准版和缩短版两种版本。标准版由13位数字构成,又称为EAN13码;缩短版由8位数字构成,又称EAN8码。我国于1991年加入了EAN组织。

标准版的EAN条码,是由前缀码、厂商代码、产品代码和校验码组成,如图2-1-5所示。国际物品编码协会已分配给中国大陆的前缀码是690~699,中国台湾地区的前缀码是471,中国香港地区的前缀码是489。我们日常购买的商品包装上所印的条码一般就是标准版的EAN码,即EAN13码。

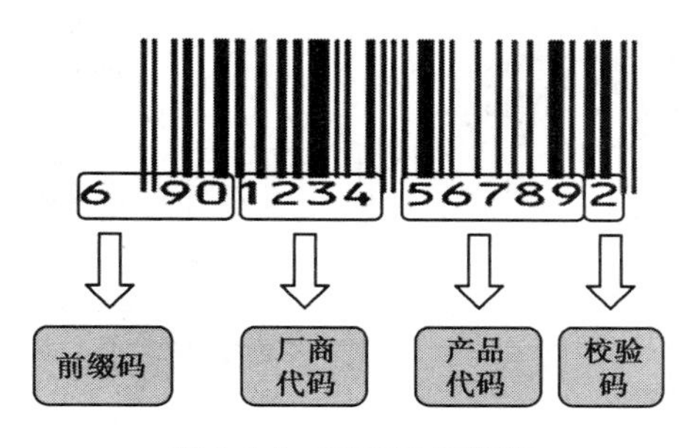

图2-1-5　EAN13码结构

需要注意的是,前缀码只表示分配和管理厂商代码的国家(或地区),并非产品的原产地。当看到条码的数字串开头部分是690~699时,就知道这件商品的生产商是在中国大陆申请的商品条码。

各国EAN13码中的前缀码

厂商代码由厂商申请,所在国家或地区进行分配,通常由4~7位数字组成。

产品代码由厂商自行确定。

校验码依据一定的算法(一般使用条码软件,由软件系统自动算出最后一位校验码),由前面12位数字计算得到。校验码是用来保证条形码识别正确性的。

(3)ISBN码

国际标准书号(International Standard Book Number,ISBN)是专门为识别图书等文献而设计的国际编号。2007年1月1日前,ISBN由10位数字组成,分为4个部分:组号(国家、地区、语言的代号)、出版机构、书序号和检验码。2007年1月1日起,实行新版ISBN,新版ISBN由13位数字组成,分为5个部分,即在原来的10位数字前加上3位ENA(欧洲商品编号)图书产品代码"978",如图2-1-6所示。

4.店内条码

除了在商品外包装上看到的条码外,超市里的散装糖果、蔬菜、水果、熟食等又是使用的什么条码呢?这就是店内条码。这样的条码又是怎样制作出来的呢?

店内条码是商店为了便于店内商品的管理而对商品自行编制的临时性代码及条码标识。国家标准将其定义为"商店闭环系统中标识商品变量消费单元的条码"。在超市应用中,超市工作人员根据顾客不同需要重新分装商品,用专有设备(如具有店内条码打印功能的智能电子秤)对商品称重并自动完成编码和制成店内条码,然后将其粘贴到商品外包装上。

在人们的生活中,店内条码也是随处可见的,如图2-1-7所示。在这个店内条码上,顾客能看到商品的重量、单价、价格和条码等信息。如果细心的话,就会发现店内条码是以20~24的数字开头的。

图2-1-6 图书产品条码

图2-1-7 店内条码

需要注意的是,店内条码是商家根据自己的商品种类和价格自行确定的,和市面上通用的商品条码不同,因此,店内条码只能在自己店内使用。

二、二维条形码技术

1.基本定义

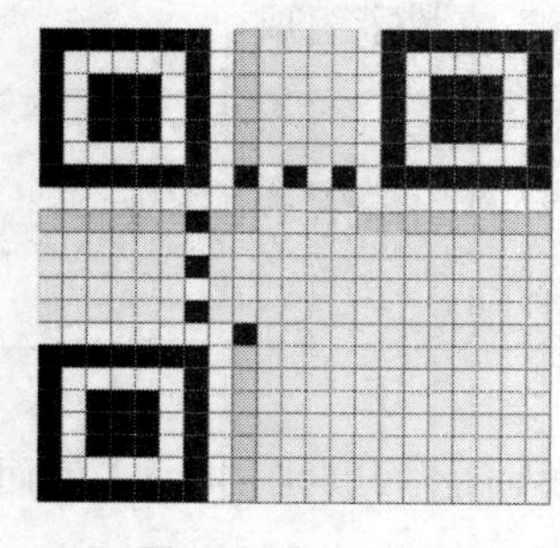

图2-1-8 二维码

二维条形码(简称二维码)是用某种特定的几何图形按一定规律在平面上分布成黑白相间的图形来记录数据符号信息的;在代码编制上巧妙地利用构成计算机内部逻辑基础的"0""1"比特流的概念,使用若干个与二进制相对应的几何形体来表示文字数值信息,通过图像输入设备或光电扫描设备自动识读以实现信息自动处理,它具有条码技术的一些共性:每种码制有其特定的字符集,每个字符占有一定的宽度,具有一定的校验功能等,如图2-1-8所示。

2.常见分类

通常,二维码可以分为两大类。一类是堆叠式二维码,也称行排式二维码;另一类是矩阵式二维码,又称棋盘式二维码。

(1)堆叠式二维码

堆叠式二维码,其形态上是在一维条形码的基础上,按照需要堆叠成两行或者多行。它在编码设计、校验原理、识读方式等方面继承了一维条形码的一些特点,其识读设备和条码印刷与一维条形码技术兼容。但由于行数的增加,需要对行进行判定,其译码算法与软件也不完全与一维条形码相同。典型的堆叠式二维码有 PDF417 码、Code 49 码、Code 16K码等,如图 2-1-9 所示。

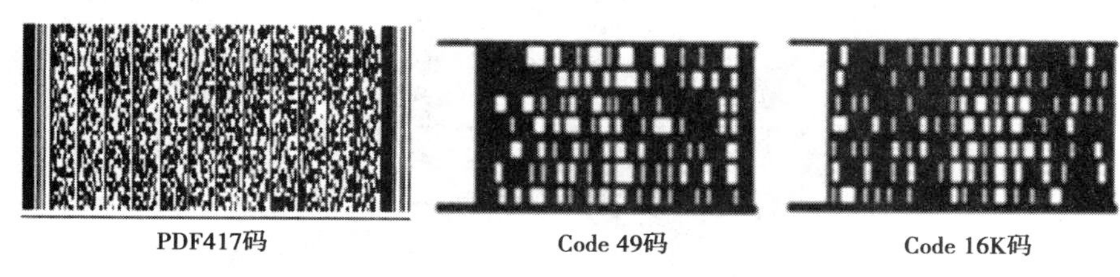

图 2-1-9　典型堆叠式二维码

其中,PDF417 码是目前应用最为广泛的堆叠式二维码。PDF 取自英文 Portable Data File 3 个单词的首字母,意为"便携数据文件"。因为组成条码的每一个符号字符都是由 4 个条和 4 个空构成,如果将组成条码的最窄条或空称为一个模块,则上述 4 个条和 4 个空组成的模块数为 17,因此称为 PDF417 码。

(2)矩阵式二维码

矩阵式二维码是在一个矩形空间内通过黑、白像素在矩阵中的不同分布进行编码。在矩阵相应元素的位置上,用点(方点、圆点或其他形状)的出现表示二进制的"1",用点的不出现表示二进制的"0",点的排列组合确定了矩阵式二维码所代表的意义。

矩阵式二维码是建立在计算机图像处理技术、组合编码原理等基础上的一种新型图形符号自动识读处理码制。典型的矩阵式二维码有:QR Code 码、Maxi Code 码、Data Matrix 码等,如图 2-1-10 所示。

图 2-1-10　典型矩阵式二维码

其中,QR Code 码是矩阵式二维码中应用最为广泛的一种。它具有极高的辨识度,是一种利于消费者使用的二维码;有巨大的储存潜力,并且还是功能最稳定的条码之一,在图像质量很差的情况下仍然可以扫描出相关信息。

三、条形码应用

1.超市应用

超市对商品的管理主要靠条码,收货、入库、点仓、出库、查价、销售、盘点等环节都涉及条码的应用。

收货:员工手持无线手提终端,通过扫描货物自带的条码,确认货号,再输入此货物的数量,无线手提终端上便可以马上显示出此货物是否符合订单的要求,如图 2-1-11 所示,若符合,货物可以进入入库步骤。

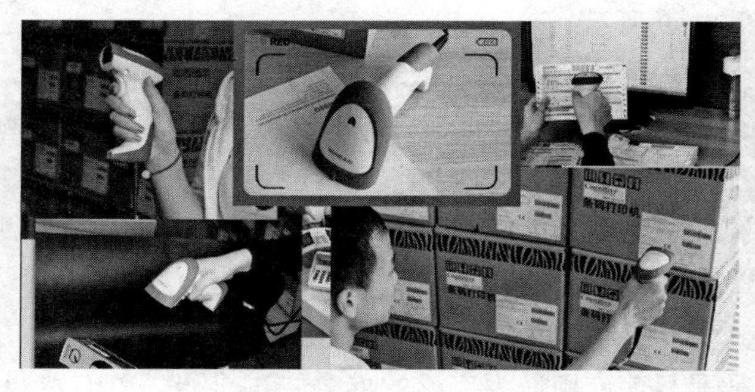

图 2-1-11　超市收货

入库和出库:入库步骤其实是收货步骤的重复,其目的是方便管理,落实各部门的责任,防止有些货物收货后直接进入商场而不入库所产生的混乱。出库的目的也是方便管理。

点仓:员工手持无线手提终端扫描货品的条码,确认货号,确认数量。所有的数据都会通过无线网实时地传送到主机。

图 2-1-12　商品销售

查价:这是超市中一项烦琐的任务。因为商品经常会做特价活动或调价,容易发生混乱,所以售货员手提无线手提终端,腰挂小型条码打印机,按照无线手提终端上的主机数据检查货品的价格变动情况,对价格应变但还没变的货品,马上通过无线手提终端连接到小型条码打印机打印更改后的全新条码标签,贴于货架或货品上。

销售:主要通过 POS 系统对商品条码的识别完成销售,如图 2-1-12 所示。

2.飞机票应用

如果乘客要赶乘某个航班的飞机,来不及预先买票,怎么办?现在可以通过手机的 WPA 无线应用协议开通购票服务。乘客可以在 WPA 网站上购买飞机票,当完成支付后,系统就会自动把机票的信息编在一个一维条码中,发送到乘客的手机上,到了机场之后,将条码在自助设备上识读一下,就可以把真实的飞机票打印出来,如图 2-1-13 所示。

图 2-1-13　条码在飞机票中的应用

3.媒体服务

在以往的广告宣传单中会留下一个长长的网址,希望消费者通过网址去参加某项活动或了解活动的详情。这一大串的数字、字母和字符往往会使人望而生畏,因繁复而放弃输入。然而采用二维码的方式登录就非常简单方便,可成功解决这一问题。将网址用二维码来标识,通过手机扫描二维码,快速进入网页,了解活动的情况,十分便利和快捷,使得用户的“主动”参与率大幅度提高,如图 2-1-14 所示。

这种方式给传统媒体(如报纸、杂志)带来新的传播方式,突破了版面和空间的限制,于是在各种广告中也出现了一段经典用语:“如需了解详情,请扫描二维码!”

4.移动商务

通过二维码和移动通信技术开展的商业经营活动,是二维码技术应用的一个新领域,催生并促进了“移动商务”这样一种新型的商业流通模式。用户只需要在陈列有各种商品图片的“虚拟超市”里,用手机扫描商品下方的二维码,便进入某个电子商务平台,实时下单,完成购物和支付。

目前,商家都已经习惯了采用二维码的方式进行收款,免去了支付纸币的麻烦,如图 2-1-15 所示。

图 2-1-14　二维码在多媒体中的应用

图 2-1-15　二维码在移动商务中的应用

此外,商品上的二维码也可标示商品的生产和物流等信息,通过扫描二维码,就可查询到商品从生产到销售的所有流程,实现对商品追踪溯源,使顾客能够放心购买。通过二维码购物已成为一种时尚的生活方式。

▶ 知识拓展

条码的故事

认识条码

1.想了解伯纳德·西尔弗和他的小伙伴关于条码的故事,请扫描二维码。

2.如果对一维条形码技术还不够了解,可以通过扫描二维码观看微课“认识条码”继续学习。

▶ 任务小结

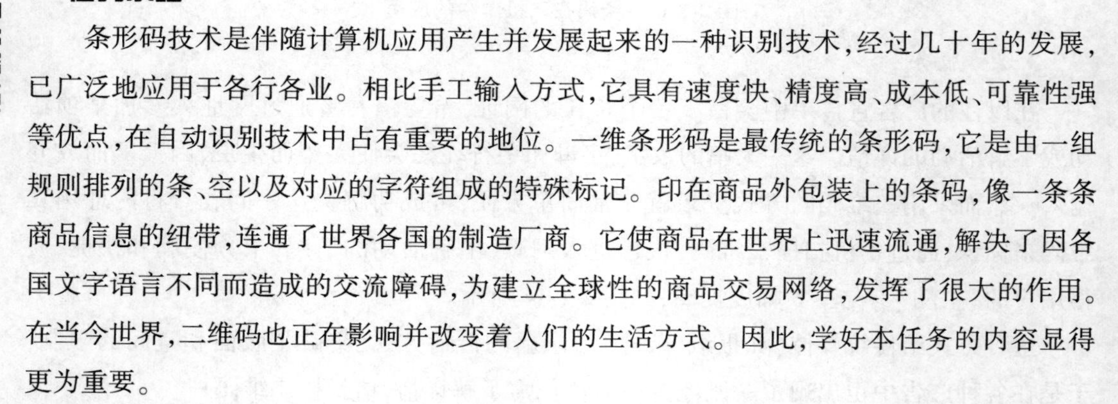

条形码技术是伴随计算机应用产生并发展起来的一种识别技术,经过几十年的发展,已广泛地应用于各行各业。相比手工输入方式,它具有速度快、精度高、成本低、可靠性强等优点,在自动识别技术中占有重要的地位。一维条形码是最传统的条形码,它是由一组规则排列的条、空以及对应的字符组成的特殊标记。印在商品外包装上的条码,像一条条商品信息的纽带,连通了世界各国的制造厂商。它使商品在世界上迅速流通,解决了因各国文字语言不同而造成的交流障碍,为建立全球性的商品交易网络,发挥了很大的作用。在当今世界,二维码也正在影响并改变着人们的生活方式。因此,学好本任务的内容显得更为重要。

▶ 任务评价

评价内容	评价方式	评价等级	
		优秀	合格
一维、二维条形码的发展历程	提问或作业	能完整清晰表述或书写	能表述
一维、二维条形码的典型码制	提问或作业	能完整清晰表述或书写	能表述
EAN13 码的结构及含义	提问或作业	能完整清晰表述或书写	能表述
QR Code 码的结构及含义	提问或作业	能完整清晰表述或书写	能表述
店内条码的结构及含义	提问或作业	能完整清晰表述或书写	能表述
一维、二维条形码的应用案例	提问或作业	能举出多个实例	能举例
课堂笔记是否美观、完整	随堂或作业	书写整齐且完整	有笔记

▶ 任务检测

一、填空题

1.一维条形码是最传统的条形码,是由一组规则排列的条、空以及对应的字符、数字组成的标记。其中,“__________”是指对光线反射率较低的部分,“__________”是指对光线反射率较高的部分。

2.本书的 ISBN 码是____________________。

3.国家标准定义的店内条码是______________________________________。

4.二维码是用某种特定的几何图形按一定规律在平面上分布成__________图形来记录数据符号信息的。

5.二维码可以分为两大类,一类是______________;另一类是______________。

6.典型的堆叠式二维码有__________、__________、__________。

7.请说出下图所示条码分别是________________、________________。

二、简答题

1.EAN13 码的结构是怎样的？举例说明。

2.请举例说明一维条形码在生活中的应用实例。

3.请举例说明二维条形码在生活中的应用实例。

4.简述一维条形码的扫描原理。

三、实作题

1.请运用智能手机扫描下图所示条形码,看看里面是什么内容。

2.利用条码在线生成工具生成汉信码“我爱你中国”。

四、思考题

为什么用黑色、白色来表示条形码？用其他颜色来表示可以吗？

任务二　RFID 技术

▶ 任务分析

在上一任务中我们学习了条形码技术,了解了一维、二维条形码的基本概念、典型分类和一般应用。通过本任务的学习,学生能了解电子标签的背景和发展,理解电子标签的基本概念和技术特征,熟知电子标签在物联网中的应用,为后续内容的学习奠定基础。

▶ 任务讲解

一、RFID 技术介绍

1.RFID 技术的起源与发展

RFID 技术最早起源于英国,应用于第二次世界大战中辨别敌我飞机的身份,在 20 世纪 60 年代才开始应用于商业。

美国国防部规定从 2005 年 1 月 1 日起,所有军需物资都要使用 RFID 标签;美国食品和药品管理局建议制药商从 2006 年起利用 RFID 跟踪最常造假的药品;沃尔玛、麦德龙等零售业应用 RFID 技术更是推动了 RFID 在全世界的应用热潮。欧盟统计办公室的统计数据表明,欧盟国家中有许多公司在应用 RFID 技术,涉及身份证件和门禁控制、供应链和库存跟踪、汽车收费、防盗、生产控制、资产管理等方面。

RFID 技术作为构建物联网的关键技术,近年来受到了人们广泛的关注。在图 2-2-1 中,图(a)所示的是 RFID 技术在汽车收费上的应用,图(b)所示的是 RFID 技术在门禁控制上的应用。

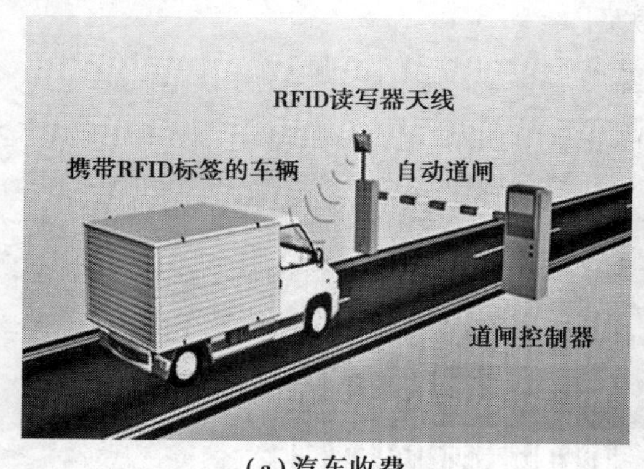

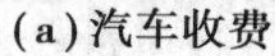
(a)汽车收费

(b)门禁控制

图 2-2-1　RFID 技术在生活中的应用

2.RFID 技术的定义

RFID 技术,又称无线射频识别技术,俗称电子标签,是一种自动识别技术,它利用射频信号通过空间耦合(交变磁场或电磁场)实现无接触信息传递并通过所传递的信息达到识别目的,对静止或移动物体实现自动识别。RFID 技术也是一种通信技术,它可以通过无线电讯号识别特定目标并读写相关数据,而无须在识别系统与特定目标之间建立机械或光学接触。

3.RFID 系统组成及原理

(1)RFID 系统组成

最基本的 RFID 系统由 3 部分组成,分别是电子标签、阅读器、天线,如图 2-2-2 所示。

● 电子标签:又称为射频标签、应答器、数据载体,由芯片及内置天线组成,如图 2-2-3 所示。芯片内保存有一定格式的电子数据,作为待识别物品的标识性信息,是射频识别系

统真正的数据载体。内置天线用于电子标签和射频天线间进行通信。

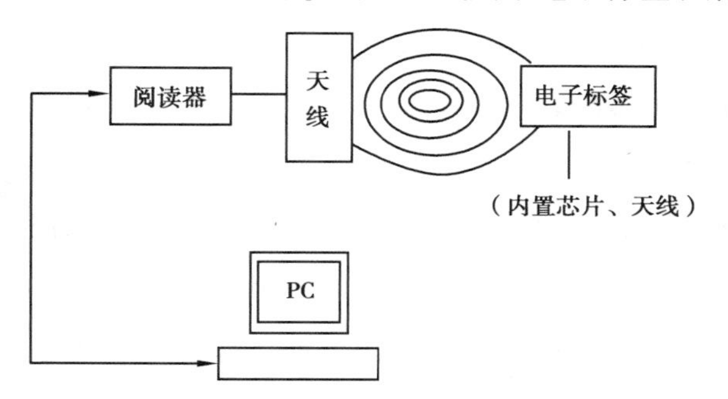

图 2-2-2 RFID 系统基本模型图

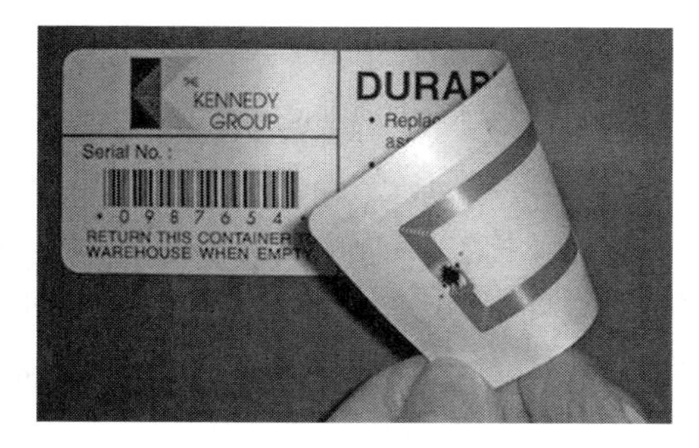

图 2-2-3 RFID 电子标签

• 阅读器：又称为读出装置、扫描器、读头、通信器、读写器（取决于电子标签是否可以无线改写数据），主要任务是控制射频模块向标签发射读取信号，并接受标签的应答，对标签的对象标识信息进行解码，将对象标识信息连带标签上其他相关信息传输到主机以供处理。

• 天线：电子标签与阅读器之间传输数据的发射、接收装置。

（2）RFID 系统的工作原理

RFID 系统的工作原理是电子标签与阅读器之间通过耦合元件实现射频信号的空间（无接触）耦合，在耦合通道内，根据时序关系，实现能量的传递和数据交换。

当电子标签进入天线磁场后，如果接收到阅读器发出的特殊射频信号，就能凭借感应电流所获得的能量发送出存储在芯片中的产品信息（无源标签），或者主动发送某一频率的信号（有源标签）；阅读器读取信息并解码后，送至中央信息系统进行有关数据处理。

4.RFID 标签的分类

（1）按实现方式分类

按照实现方式不同，RFID 标签可以分为有源主动标签、无源被动标签和半有源标签。

• 有源主动标签：由于其自身有能量提供，因此无须阅读器提供能量。有源主动标签自身带有电池供电，读/写距离较远，同时体积较大，与无源被动标签相比成本更高，也称为有源标签。

• 无源被动标签：在阅读器产生的磁场中获得工作所需的能量，成本很低并具有很长的使用寿命，比有源主动标签更小也更轻，读写距离较近，也称为无源标签。

• 半有源标签：标签内的电池仅对标签内要求供电维持数据的电路供电，或者作为标签芯片工作所需电压的辅助支持，或者对本身耗电很少的标签电路供电。标签未进入工作状态前，一直处于休眠状态，相当于无源标签，标签内部电池能量消耗很少，因而电池可维持几年，甚至长达 10 年；当标签进入阅读器的读出区域时，受到阅读器发出的射频信号激励，立即进入工作状态。标签内部电池的作用主要在于弥补标签所处位置的射频场强不足，标签内部电池的能量并不转换为射频能量。

(2)按读写方式分类

按照读写方式不同,RFID 标签可分为只读式 RFID 标签和读写式 RFID 标签。

• 只读式 RFID 标签:其内容只可读出不可写入。只读式 RFID 标签又可以进一步分为只读标签、一次性编程只读标签与可重复编程只读标签。

只读标签:其内容在标签出厂时已经被写入,而且以后都不能更改,内部构造简单,储存信息量也很少,价格便宜。

一次性编程只读标签:其内容只可在应用前一次编程写入,识别过程中内容不可更改。

可重复编程只读标签:标签内容经擦除后可重新编程写入,识别过程中内容不可更改。

• 读写式 RFID 标签:其内部存储器的容量比较大,其内部的信息可以被读出,也可以被随意更改,但是该类标签的成本最高。

(3)按工作频率分类

按照工作频率不同,RFID 标签可分为低频(LF)标签、高频(HF)标签、超高频(UHF)标签、微波(MW)标签。

• 低频标签:其工作频率一般为 30~300 kHz,典型的工作频率有 125 kHz、133 kHz。

• 高频标签:其工作频率一般为 3~30 MHz,典型的工作频率为 13.56 MHz。

• 超高频标签和微波标签:其工作频率一般为 300 MHz~36 GHz 或大于 36 GHz,典型工作频率为 433 MHz、902~928 MHz、2.45 GHz 和 5.86 GHz。

5.RFID 技术的特征

与传统的条码技术相比,RFID 的优势有以下几点。

①唯一性。在以前的条码技术中,由于长度等因素限制,每一类产品只定义一个类码,例如,一批矿泉水,不管其保质期是多久,它们在超市内的代码都是一样的,超市无法通过代码判断每一瓶矿泉水的准确库存周期。RFID 彻底打破了这种限制,所有的产品都可以享受独一无二的 ID,每个电子标签具有唯一性,意味着系统可以识别单个物体,因为这是每个物品(包括人类)在这个世界上独一无二的数字代号。

②扫描速度快。条码扫描仪一次只能扫描一个条码,而读写器可以同时识别和读取数个电子标签。无须接触,读写器就能够直接读取信息至数据库,一次性处理多个标签,并将处理的状态写入标签。

③体积小,易封装。电子标签在读取上并不受自身尺寸大小与形状的限制,不需要为了保证读取的精确度而考虑纸张的尺寸和印刷品质。电子标签更加趋于小型化与多样化,以应用在不同的产品上。电子标签的外形多样,如卡形、环形、纽扣形、笔形等,使之能封装在纸张、塑胶制品上,使用起来也非常方便,如图 2-2-4 所示。

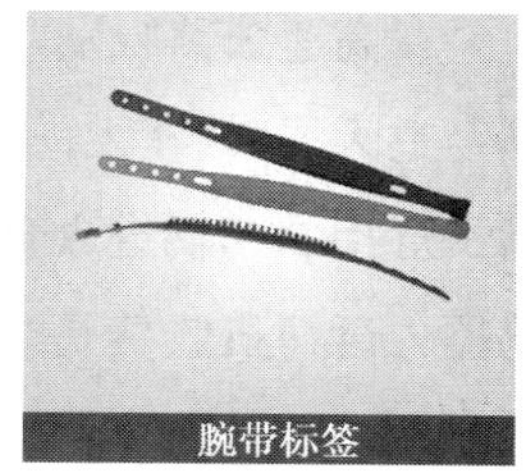

图 2-2-4　不同形状的 RFID 电子标签

④抗污染能力强，易穿透。传统一维条形码的载体是纸张，因此容易受到污染，但是 RFID 对水、油和化学药品等物质具有很强的抗性。在黑暗或脏污的环境中，读写器照常可以读取电子标签上的数据，因为电子标签是将数据存于芯片当中，可以免受污损。

电子标签能穿透非金属材料而被阅读，读写器能透过泥浆、污垢、油漆涂料、木材、水泥、塑料等阅读标签，而且不需要与标签直接接触，因此使得它成为肮脏、潮湿环境下的理想选择。

⑤数据的存储容量大。一维条形码的容量是 50 B，二维条形码最大容量也只有 1 108 B，RFID 的最大容量则有数百万字节。未来物品所需携带的数据量越来越大，对标签容量的需求也相应增加，RFID 的数据存储容量大，标签数据可更新，特别适合需要存储大量数据或物品上所存储的数据需要经常改变的情况下使用。

⑥可重复使用，安全性高。传统条形码里面的信息是只读的，如果用户想改变里面的内容或增加新的信息，只能重新打印条码，旧的条码就被废弃了；而电子标签可支持信息写入，用户可以在标签制作出来以后通过 RFID 的读写系统随时写入想要增加的信息。

一维条形码无法进行加密，二维条形码只能进行简单的加密，而电子标签承载的是数字化信息，其内容能够由密码保护，不易被伪造及变更。在信息社会，提升数据采集的效率和准备程度，是每个行业共同关注的焦点，而 RFID 的无线识别无疑在这方面跨出了一大步。

二、RFID 技术应用

1.交通领域的应用

(1)高速公路自动收费

目前，中国的高速公路发展非常快，地区经济发展的先决条件就是有便利的交通条件，而高速公路收费却存在一些问题：在收费站口，许多车辆要停车排队，容易造成交通拥堵。目前，高速公路不停车收费系统(即 ETC)，是解决以上问题最好的办法。图 2-2-5 所示为高速公路 ETC 收费系统。

图 2-2-5　ETC 收费系统

在高速公路自动收费系统中，天线架设在道路的上方，距收费口50～100米处。当车辆经过天线时，车上的射频卡信息被天线接收，判别车辆是否带有有效的射频卡。读写器指示灯指示车辆进入自动收费车道，通行费被自动从用户账户上扣除，并且用指示灯及蜂鸣器告诉司机收费是否完成，拥有有效射频卡的车辆不用停车就可通过，而挡车器将拦下恶意闯入的其他车辆。

（2）城市交通智能管理

目前，城市的交通日趋拥堵，解决交通问题不能只依赖于修路，而加强交通的指挥、控制、疏导，提高道路的利用率，深挖现有交通潜能也是非常重要的手段。基于RFID技术的实时交通督导和最佳路线电子地图很快将成为现实。用RFID技术实时跟踪车辆，通过交通控制中心的网络在各个路段向司机报告交通状况，指挥车辆绕开堵塞路段，并用电子地图实时显示交通状况，使交通流向均匀，大大提高道路利用率。

2.动物领域的应用

动物识别是指利用特定的标签，以某种技术手段与需要识别的动物相对应（注射、耳标等），并能随时对动物的相关属性进行跟踪与管理的一种技术。在畜牧业中，通常把电子标签设计封装成不同的类型安装于动物体上，进行跟踪识别处理，目前主要有以下几种。

项圈式电子标签：可移动性强，能够非常容易地从一头动物身上换到另一头动物身上，但标签的成本较高，主要用于厩栏中的自动饲料配给以及测定牛奶产量，如图2-2-6所示。

耳标（钉）式电子标签：不仅存储的信息数据多，而且抗脏物、雨水和恶劣的环境，其性能大大优于条码耳牌，因此其应用范围较广，如图2-2-7所示。

可注射式电子标签：利用一个特殊工具将电子标签放置到动物皮下，使其与躯体之间建立一个固定的联系，这种联系只有通过手术才能完成。图2-2-8所示为给鱼注射电子标签。

图2-2-6　项圈式电子标签

图2-2-7　耳标（钉）式电子标签

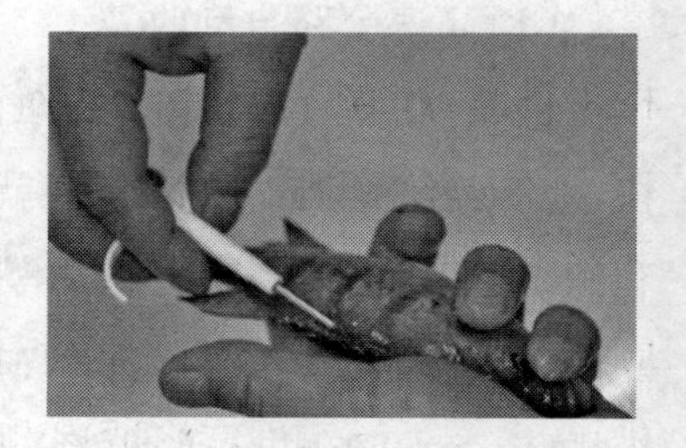

图2-2-8　可注射式电子标签

3.工业生产领域的应用

现代制造业的工作过程是依靠制度和规范保障的一个精确的执行过程，要求对计划和执行进行精确的比对，因此在生产过程中的每一个环节都需要准确地记录，这就需要

RFID 技术进行自动识别。

利用 RFID 智能技术进行可视化管理的系统主要由生产流水线、RFID 数据采集系统、工位以及两个固定的 RFID 读写器等部分构成，产品在生产流水线上移动，到达工位后，工人取下该产品进行零配件组装，在这个过程中每个产品都加了 RFID 标签，能够实时监测产品的生产情况。

4.零售领域的应用

2017 年 7 月，阿里巴巴的“无人超市”刷爆朋友圈，号称全球首个无人零售店的“淘咖啡”在杭州开张。这个商店以“颠覆者”的姿态赚足了眼球——集成了计算机视觉、机器学习、物联网等领先的人工智能系统。在无人超市中，顾客只需通过手机扫一下二维码进店，在超市内没有售货员和收银员，顾客选好商品后，直接通过支付门就可以走了，因为手机会自动结算，如图 2-2-9 所示。

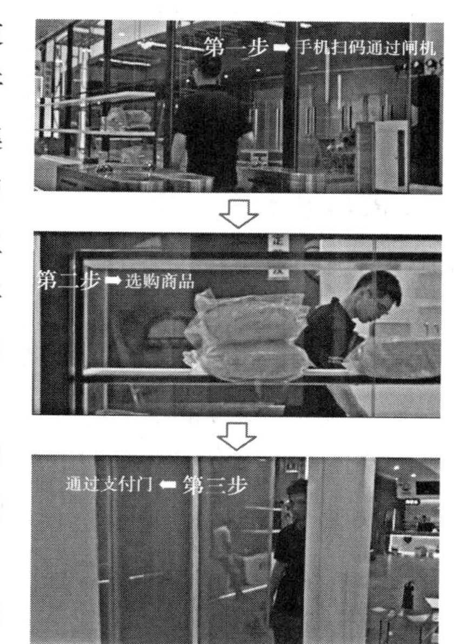

图 2-2-9　无人超市购物

在无人超市中，将 RFID 芯片置入商品的外包装中。带有芯片的商品只要进入扫描区域，可以瞬间同步完成所有商品的累加计算。

以上的例子只是 RFID 广阔应用的一个缩影，除此之外，RFID 还广泛应用于医疗服务、资产追踪、物流管理等方面，这些成功的应用案例让物联网真真切切地进入到人们的生产生活中，为物联网开拓了一个广阔的前景。

▶ 知识拓展

对于可注射式电子标签，除了可应用在动物身上，还可以应用在人体上。在电影《大战皇家赌场》中就有电子标签的应用，可扫描二维码观看电影片段进行了解。当然，这是电影创作者的艺术构想，但在欧美国家的一些特殊部门，已经有人尝试在相关人员的体内植入身份识别装置，从而可以准确无误地识别他们的身份，而不用担心有人假冒。

电影片段

▶ 任务小结

虽然由于标准、成本、相关法律、技术成熟度等诸多因素的影响，RFID 技术的大规模应用离实现物联网的终极目标还有一段距离，但随着 RFID 技术在安全性和成本方面的优化，其潜在的商用价值将被逐渐发挥出来。物流、包装、零售、制造、交通等行业都会因为 RFID 技术发生翻天覆地的变化，最终一定会实现“千树万树梨花开”的繁荣景象。

▶ 任务评价

评价内容	评价方式	评价等级	
		优秀	合格
RFID 的发展历程	提问或作业	能完整清晰表述或书写	能表述
RFID 的技术特征	提问或作业	能完整清晰表述或书写	能表述
RFID 在物联网中的应用	提问或作业	能举出多个实例	能举例
课堂笔记是否美观、完整	随堂或作业	书写整齐且完整	有笔记

▶ 任务检测

一、填空题

1.RFID 技术最早起源于________________,应用于第二次世界大战中辨别敌我飞机的身份,之后才开始应用于商业。

2.RFID 技术也是一种____________,它可以通过无线电讯号识别特定目标并读写相关数据。

3.RFID 系统组成部分:________________、________________和________________。

4.RFID 按实现方式不同可分为____________、____________和____________。

5.RFID 按工作频率不同可分为______________、______________、______________和______________。

6.RFID 的技术特征:____________、____________、____________、____________、____________和____________。

二、作图题

根据 RFID 系统的工作原理完善下面的基本模型图。

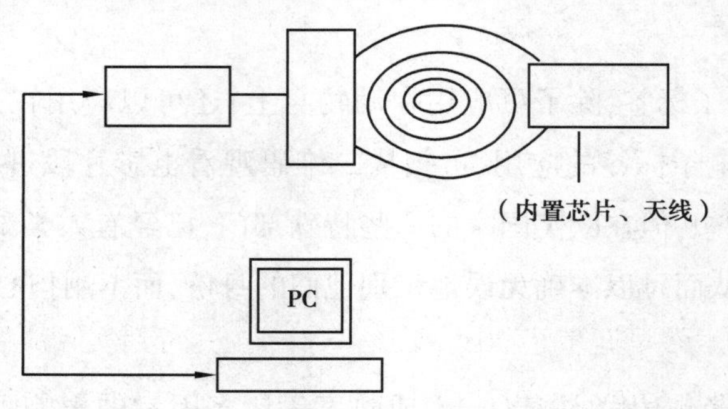

三、简答题

1.简述 RFID 技术的定义。

2.简述 RFID 系统的工作原理。

3.RFID 的技术特征有哪些?

4.请举例说明 RFID 在生活中的实际应用。

任务三 传感器技术

▶ 任务分析

在上一任务中我们了解了电子标签的相关概念及其典型应用。同样,作为物联网感知层中的另一种典型感知识别技术——传感器技术,在整个物联网系统中也占据了不可忽略的地位。本任务主要介绍传感器的相关概念以及典型应用。通过本任务的学习,学生应该了解传感器的基本概念,认识常用的传感器,并了解传感器在物联网中的典型应用,明白传感器在物联网中所起的作用。

▶ 任务讲解

一、传感器介绍

传感器的研究始于由美国军方资助的项目,其最早主要用于军事监测。随着传感器技术的普及,其在不同的领域中也有着广泛的应用。传感器和人们的生活息息相关,通过更透彻的感知,从而提高人们的生活水平。

1.传感器的定义

国家标准 GB 7665—87 对传感器的定义:“能感受规定的被测量并按照一定的规律转换成可用信号的器件或装置,通常由敏感元件和转换元件组成”。

传感器是一种检测装置,能检测到被测量的信息,并能将检测到的信息,按一定规律变换成为电信号或其他所需形式的信息输出,以满足信息的传输、处理、存储、显示、记录和控制等要求。它是实现自动检测和自动控制的首要环节。

为了从外界获取信息,人必须借助自己的感觉器官,而单靠人体自身的感觉器官,在研究自然现象和规律以及生产活动中是远远不够的。传感器是人类五官的延长,又称为电五官。例如,烟雾传感器就是通过监测烟雾的浓度来实现火灾的防范;自动感应出水龙头就是通过人体红外传感器进行感应后自动出水,如图 2-3-1 所示。

(a)人体红外传感器

(b)烟雾传感器

图 2-3-1 常用传感器

2.传感器的组成

传感器通常由敏感元件、转换元件以及信号调理电路(即测量电路)3 部分组成,有时还加上辅助电源,如图 2-3-2 所示。

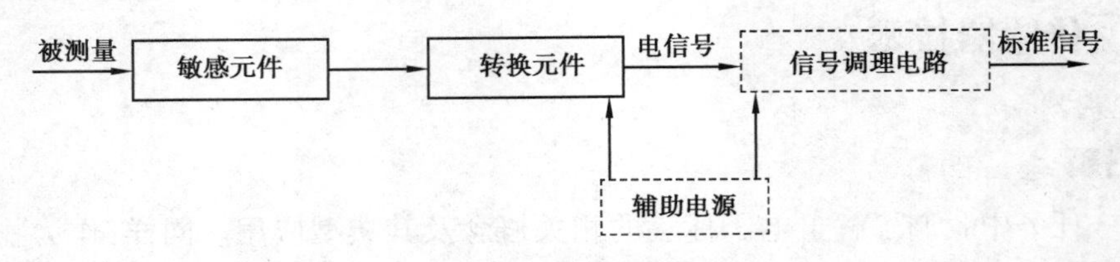

图 2-3-2 传感器的组成

• 敏感元件:传感器中能直接感受或者响应被测量,并输出与被测量成确定关系的其他量(一般为非电量)的部分。例如,应变式压力传感器的弹性膜片就是敏感元件,它将被测压力转换成弹性膜片的形变。

• 转换元件:传感器中能将敏感元件感受或响应的被测量转换成适于传输或测量的可用输出信号(一般为电信号)的部分。例如,应变式压力传感器中的应变片就是转换元件,它将弹性膜片在压力作用下的形变转换成应变式电阻值的变化,如果敏感元件直接输出电信号,则这种敏感元件同时兼为转换元件。

• 信号调理电路:将转换元件输出的电信号进行进一步的转换和处理,如放大、滤波、线性化、补偿等,以获得更好的品质特性,形成便于传输、处理、显示、记录和控制的有用信号。

• 辅助电源:可选项,主要负责为敏感元件、转换元件和测量电路供电。

二、传感器的分类

目前,对传感器尚无一个统一的分类方法,但比较常用的分类方法有 3 种:按传感器的物理量分类、按传感器的工作原理分类和按传感器输出信号的性质分类。

1.按物理量分类

根据物理量的不同,传感器可以分为压力传感器、位置传感器、液位传感器、速度传感器、加速度传感器、2.4 GHz 雷达传感器、气敏传感器及温度传感器等。图 2-3-3 所示为典型物理量传感器。

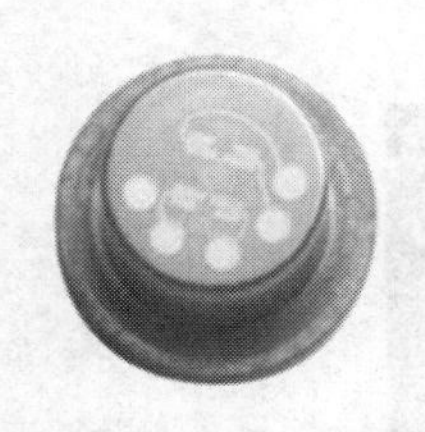

溅射薄膜压力敏传感器

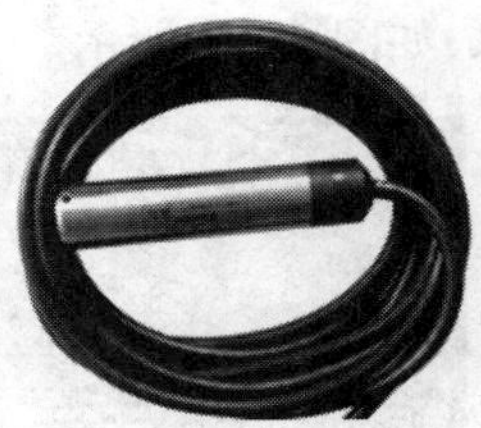

液位传感器

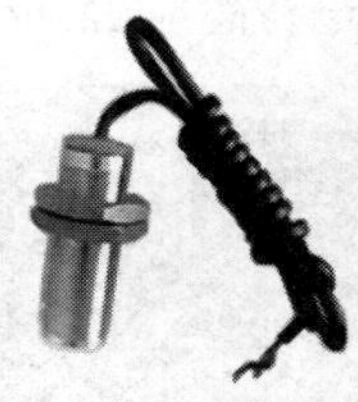

速度传感器

气敏传感器

图 2-3-3 典型物理量传感器

2.按工作原理分类

根据工作原理的不同,传感器可分为电阻、电容、电感、电压、霍尔、光电、光栅热偶等传感器。电阻传感器是指把位移、力、压力、加速度、扭矩等非电物理量转换为电阻值变化的传感器;把被测的力学量(如位移、力、速度等)转换成电容变化的传感器称为电容传感器;把被测量转换为电感的传感器称为电感传感器;电压传感器则是感受电压信号,并转换成可用输出信号的传感器。

3.按输出信号的性质分类

根据输出信号的不同性质,传感器可分为开关型传感器、模拟型传感器和数字型传感器。

开关型传感器的输出为开关量(即"1"和"0"或"开"和"关");模拟型传感器的输出信号为模拟信号,如光照传感器、风速传感器、温度传感器等,常见模拟型传感器如图 2-3-4 所示;数字型传感器的输出信号为数字信号,如人体红外传感器、火焰传感器、烟雾传感器等,常见数字型传感器如图 2-3-5 所示。

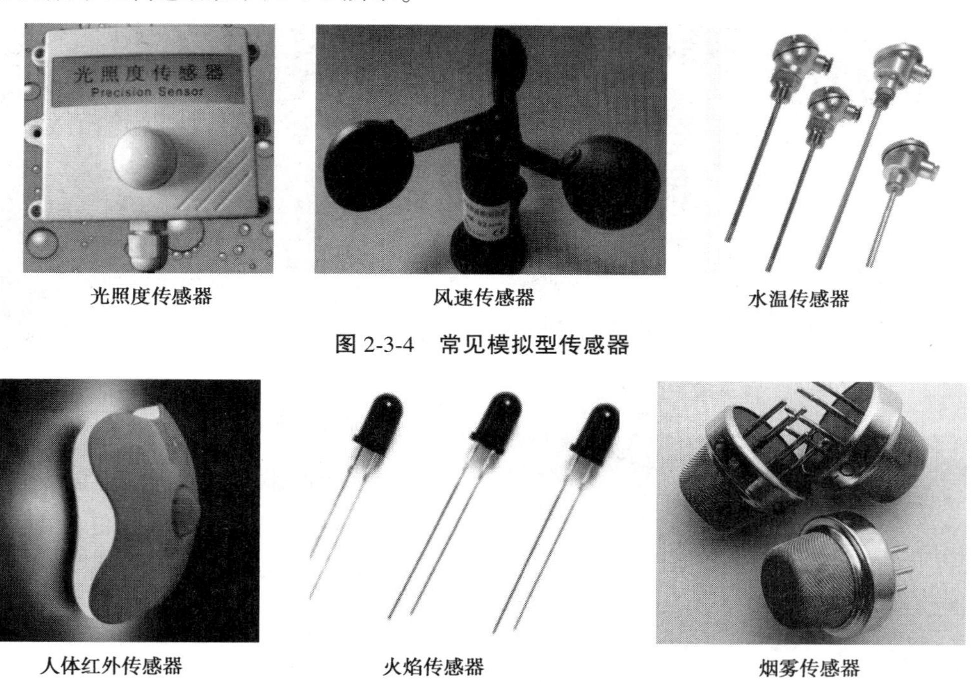

光照度传感器　　风速传感器　　水温传感器

图 2-3-4　常见模拟型传感器

人体红外传感器　　火焰传感器　　烟雾传感器

图 2-3-5　常见数字型传感器

三、传感器技术的应用

如果将物联网比作一个人,那传感器就是人的神经末梢,是全面感知外界的最核心元件。传感器就是将外界的各种信息转换为可测量、可计算的电信号,经过设置的程序输出结果,发送指令使各种事物可以不由人控制而只是由外界条件的变化自动调整。传感器技术在发展经济、推动社会进步方面的作用是十分明显的,世界各国都十分重视这一领域的发展。在物联网应用中,传感器可以说是物联网的基石。

1.皮肤传感器

德国马克思普朗克信息学研究所的研究人员打造了一款相当特别的电子薄膜 iSkin,它采用对压力敏感的传感器,可贴在人体皮肤上使用,是传感器技术的一大革新。iSkin 使用硅橡胶和医疗级黏合剂,用户可以对其进行伸展或者弯曲,使其贴合身体,同时也可以轻松脱下。iSkin 目前的主要作用是控制智能手机,如在前臂展示 QWERTY 全键盘,如图 2-3-6 所示。未来 iSkin 在智能珠宝和智能服装上将大派用场,因此它的发展与应用很值得关注。

2.汽车软传感器

软传感器采用一种新的监测方式,使用它可提高汽车的安全性和乘坐舒适度。它被嵌入到汽车座椅内,用以分析驾驶人或乘车人的坐姿,并明确地显示出他们的重量分布和姿势。座椅可自动迎合乘客的个人偏好,在确保他们安全的同时又兼顾舒适度。此外,软传感器还大大提升了汽车的安全功能,如在乘客面前设置动态安全气囊,一旦出现事故,它就会以适合各类乘客(成人和儿童均可)的不同压力和高度弹出,如图 2-3-7 所示。

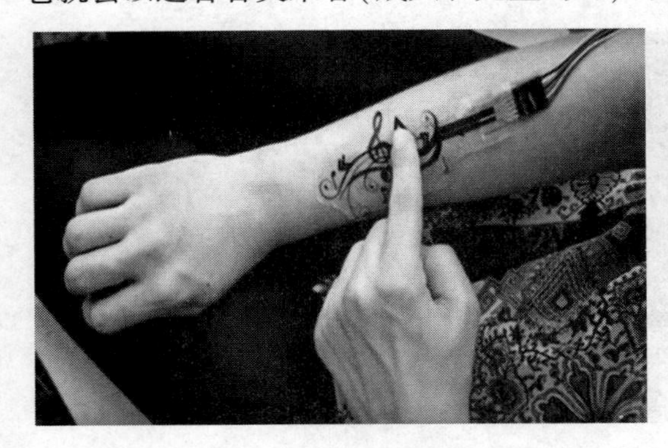

图 2-3-6　通过皮肤传感器控制智能手机

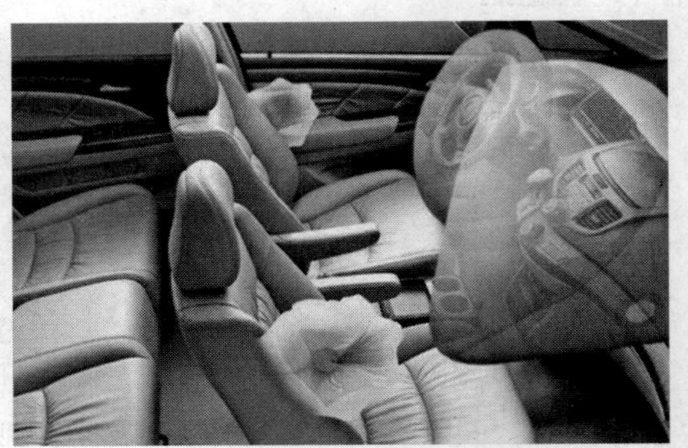

图 2-3-7　汽车软传感器

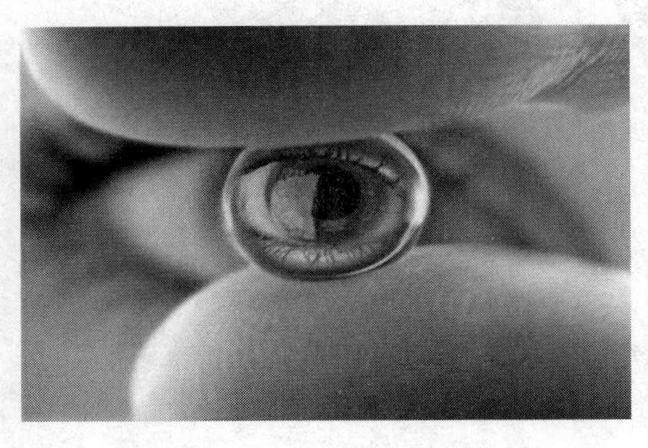

图 2-3-8　智能隐形眼镜

3.智能隐形眼镜

智能隐形眼镜的镜片由瑞士创业企业开发,为硅胶材质。镜片内嵌入了可检测弯曲状态的传感器以及传送数据的天线。传感器检测到的数据将被天线接收并转发至记录装置,从而实现监测眼球形状随眼压升高而发生的变化。医生则可以根据记录装置上的数据推断眼压变化,调整用药量,有助于治疗需要日常性降低眼压的青光眼,如图 2-3-8 所示。

▶ **知识拓展**

军事监测中的传感器

军事监测中的传感器——VigilNet,如需了解详情,请扫描二维码。

▶ **任务小结**

传感器就是把自然界中的各种物理量、化学量、生物量转化为可测量的电信号的装置与元件。传感器是摄取信息的关键器件,它与通信技术和计算机技术构成了信息技术的三大支柱,是现代信息系统和各种装备不可缺少的信息采集手段,也是采用微电子技术改造传统产业的重要方法,对提高经济效益、科学研究与生产技术的水平有着举足轻重的作

用。传感器将会是整个物联网产业需求总量最大和最基础的环节。传感器感知了物体的信息,RFID 赋予物体电子编码,传感网到物联网的演变是信息技术发展的阶段表征。

▶ 任务评价

评价内容	评价方式	评价等级	
		优秀	合格
传感器的概念	提问或作业	能完整清晰表述或书写	能表述
传感器的分类	提问或作业	能完整清晰表述或书写	能表述
传感器在物联网中的应用	提问或作业	能举出多个实例	能举例

▶ 任务检测

一、填空题

1.传感器是能感受规定的被测量并按照一定的规律转换成可用输出信号的器件或者装置,通常由____________、____________以及信号调理电路组成。

2.传感器是一种检测装置,能检测到被测量的信息,并能将检测到的信息,按一定规律变换成为______________________________的信息输出,以满足信息的传输、处理、存储、显示、记录和控制等要求。

3.敏感元件是指传感器中能直接感受或者响应被测量,并输出与被测量成确定关系的其他量的部分,一般为____________________。

4.转换元件是指传感器中能将敏感元件感受或响应的被测量转换成适于传输或测量的可用输出信号的部分,一般为____________________。

5.辅助电源是可选项,主要负责为__________、__________和__________供电。

6.目前,对传感器尚无一个统一的分类方法,但比较常用的分类方法有 3 种:按传感器的__________分类、按传感器的____________分类和按传感器____________的性质分类。

二、作图题

根据传感器的工作原理完善如图 2-3-9 所示的原理图。

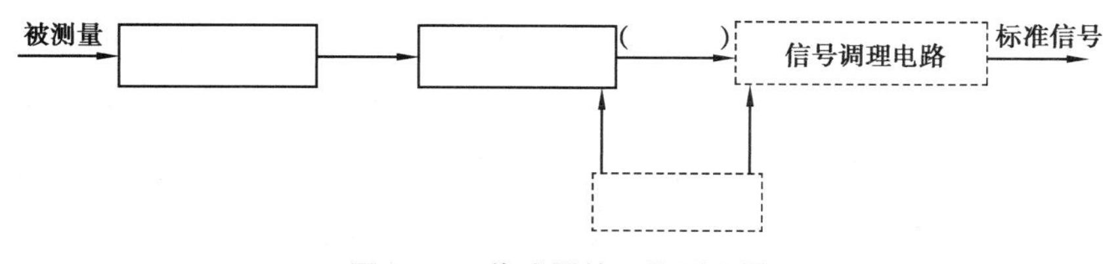

图 2-3-9　传感器的工作原理图

三、简答题

1.简述传感器的概念。

2.传感器主要由哪几部分组成?各部分的作用是什么?

3.简述生活中遇到的传感器。

任务四　定位技术

▶ 任务分析

随着物联网时代的到来,越来越多的应用都需要定位服务。现实中有哪些成熟的定位系统？这些定位系统使用了怎样的原理来确定人们的位置？本任务将一一解答这些问题,带学生走进定位技术。

▶ 任务讲解

一、GPS 定位

1.GPS 介绍

GPS 是英文 Global Positioning System(全球定位系统)的简称。GPS 起始于 1958 年美国军方的一个项目,1964 年投入使用。20 世纪 70 年代,美国陆海空三军联合研制了新一代卫星定位系统 GPS。其主要目的是为陆海空三大领域提供实时、全天候和全球性的导航服务,并用于情报搜集、核爆监测和应急通信等一些军事目的。经过 20 余年的研究实验,耗资 300 亿美元,到 1994 年,全球覆盖率高达 98%的 24 颗 GPS 卫星已布设完成。利用 GPS 定位卫星,在全球范围内实时进行定位、导航的系统,称为全球卫星定位系统,简称 GPS。

2.GPS 系统组成

GPS 系统由空间部分、地面控制部分、用户设备部分 3 部分组成。

(1)空间部分

GPS 的空间部分是由 24 颗工作卫星组成,它位于距地表 20~200 km 的上空,均匀分布在 6 个轨道面上,每个轨道面 4 颗,轨道倾角为 55°。此外,还有 4 颗有源备份卫星在轨运行。卫星的分布使得在全球任何地方、任何时间都可观测到 4 颗以上的卫星,并能保持良好定位解算精度的几何图像。这就提供了在时间上连续的全球导航能力,如图 2-4-1 所示。

(2)地面控制部分

地面控制部分由一个主控站、5 个全球监测站和 3 个地面控制站组成。监测站均配装有精密的铯钟和能够连续测量到所有可见卫星的接收机。监测站将取得的卫星观测数据,包括电离层和气象数据,经过初步处理后,传送到主控站。主控站从各监测站收集跟踪数据,计算出卫星的轨道和时钟参数,然后将结果送到 3 个地面控制站。地面控制站在每颗卫星运行至上空时,把这些导航数据及主控站指令传入卫星,如图 2-4-2 所示。

(3)用户设备部分

用户设备部分即 GPS 信号接收机。其主要功能是能够捕获到按一定卫星截止角所选择的待测卫星,并跟踪这些卫星的运行。当接收机捕获到跟踪的卫星信号后,即可测量出接收天线至卫星的伪距离和距离的变化率,解调出卫星轨道参数等数据。根据这些数据,接收机中的微处理计算机就可按定位解算方法进行定位计算,计算出用户所在地理位置的

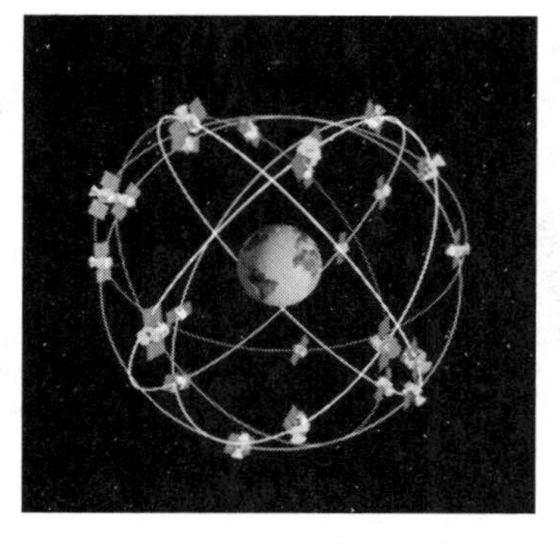

图 2-4-1　GPS 系统空间部分

图 2-4-2　GPS 系统地面控制部分

经纬度、高度、速度、时间等信息。接收机硬件和机内软件以及 GPS 数据的后处理软件包共同构成完整的 GPS 用户设备。

3.GPS 系统的特点

①全球、全天候导航。GPS 能为全球任何地点或近地空间的各类用户提供连续的、全天候的导航能力，用户不用发射信号，因而能满足无限多的用户使用。

②定位精度高。对于 GPS 定位系统，只要能接收到 4 颗卫星的定位信号，就可以进行误差在 5 m 以内的定位。

③抗干扰能力强、保密性好。GPS 采用扩频技术和伪码技术，用户只需接收 GPS 的信号，自身不会发射信号，因而不会受到外界其他信号源的干扰。

④功能多、用途广泛。GPS 是军民两用的系统，其应用范围极其广泛，在军事上，GPS 将成为自动化指挥系统的一部分，在民用上可广泛应用于农业、林业、水利、交通、航空、测绘、安全防范、电力、通信等多个领域。

4.GPS 应用实例

(1)GPS 在军事上的应用

在 1990 年的海湾战争中，虽然当时 GPS 系统还未全面建成，只有部分 GPS 卫星在运行，但在战争中仍然显示了它的优越性，发挥了很大的作用。例如，安装 GPS 接收机的飞机，不仅改善了导航精度，而且把要轰炸的目标作为一个“航路点”，有效改善了炸弹的投放精度。利用 GPS 导航功能，战斗机的飞行与投弹不受白天黑夜、可视距离的影响，可以避开敌方雷达视距，采用低空穿越飞行，减少了损失。图 2-4-3 所示为安装 GPS 接收机的飞机。

图 2-4-3　安装 GPS 接收机的飞机

(2)汽车跟踪和导航

利用 GPS 和电子地图可以在屏幕上实时跟踪显示车辆的准确位置，即使车辆移动，也可使车辆始终保持在屏幕上，还可实现多车辆同时跟踪。

车主在 GPS 导航系统中选择终点后，系统会根据车辆目前的位置自动规划最优的驾车路线，通过语音和画面的提示引导车主开往目的地。各类 GPS 导航仪如图 2-4-4 所示。

图 2-4-4　各种各样的 GPS 导航仪

（3）自动咖啡机

美国 Lafayette 研究所的科学家利用 GPS/RFID 技术、定位技术研制出了自动咖啡机，咖啡机能感知主人距离自己的位置，如果主人正在回家的路上，它就会启动程序自动研磨出一杯咖啡，等主人到家后就可以马上品尝，如图 2-4-5 所示。

（4）能呼救的 GPS 运动鞋

在国外出现了这样一款可以让用户随时知道自己（或者用户的鞋子）位置的 GPS 运动鞋，它还具有紧急通信功能，因此成了老年人的良伴。这款运动鞋的名字叫"Compass Digital 1000"，是世界上第一款同时具备定位与呼救功能的鞋子。除了 GPS 定位功能之外，它还可以监测用户的心率、体温以及行走速度。这款运动鞋利用了 Quantum 卫星提供的帮助，将 GPS 模块安放在鞋子隐蔽的地方。遇到紧急情况时，可通过右脚的呼叫按键进行呼救，如图 2-4-6 所示。

图 2-4-5　利用 GPS/RFID 技术的咖啡机

图 2-4-6　能呼救的 GPS 运动鞋

（5）多功能夹克

夹克是人们生活中常见的一种休闲服饰，但这件夹克却是非常与众不同，它采用了GPS overIP 技术，可通过网络获取地理位置，然后传送到接收设备上。穿上它，用户不仅可以打电话、听音乐，更重要的是可以随时对自己所处位置进行定位，如图 2-4-7 所示。

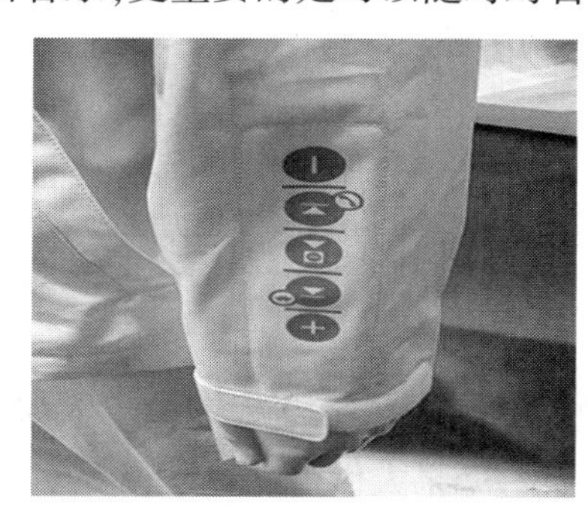

图 2-4-7　多功能夹克

二、蜂窝基站定位

蜂窝基站定位主要是通过移动通信中广泛采用的蜂窝网络完成定位。在通信网络中，通信区域被划分为一个个蜂窝小区，通常每个小区有一个对应的基站，以 GSM 网络为例，当移动设备要进行通信时，先连接到蜂窝小区的基站，然后通过该基站连接 GSM 网络进行通信。也就是说，在进行移动通信时，移动设备始终和一个蜂窝基站联系起来，蜂窝基站定位就是利用这些基站来定位移动设备。

1.COO 定位

COO（Cell of Origin）定位是最简单的一种定位方法，它是一种单基站定位方法。这种方法非常原始，就是将移动设备所属基站的坐标视为移动设备的坐标。这种定位方法的精度极低，其精度直接取决于基站覆盖的范围，如果基站覆盖范围的半径为 50 m，其误差就是 50 m。

2.ToA/TDoA 定位

想要得到更精确的定位，就必须使用多个基站同时测得的数据。在多基站定位方法中，最常用的就是 ToA/TDoA 定位。

ToA（Time of Arrival）基站定位与 GPS 定位方法相似，不同之处就是把卫星换成了基站，如图 2-4-8 所示。这种方法对时钟同步要求很高，而基站的时钟精度远比不上 GPS 卫星，此外，多径效应也会对测量结果产生误差。

基于以上原因，人们在实际中用得更多的是 TDoA（Time Difference of Arrival）定位方法，不是直接用信号的发送和达到时间来确定位置，而是用信号达到不同基站的时间差来建立方程组求解位置，通过时间差抵消掉了大部分因时钟不同步带来的误差，如图 2-4-9 所示。

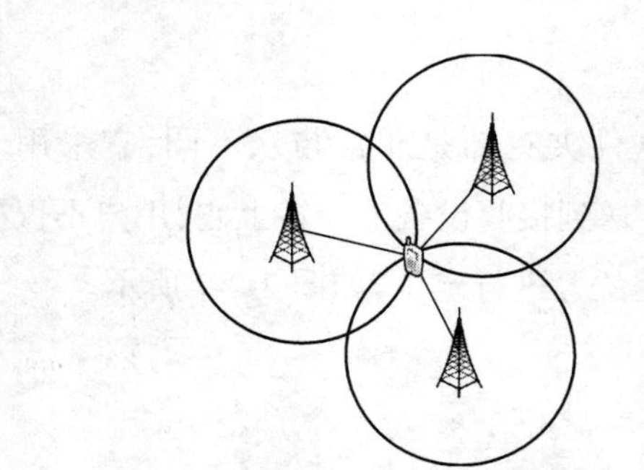
图 2-4-8　ToA 基站定位

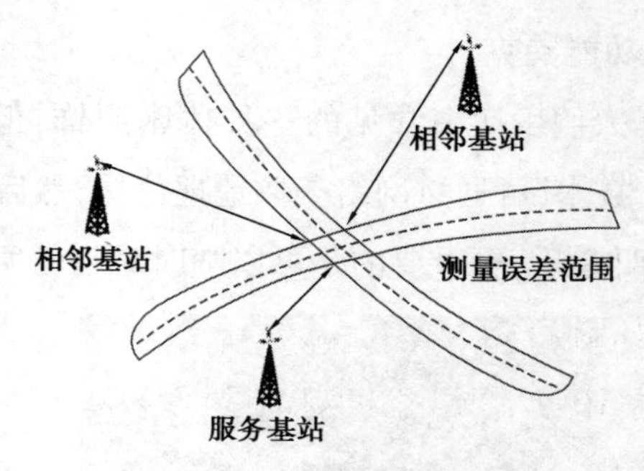

图 2-4-9　TDoA 定位方法

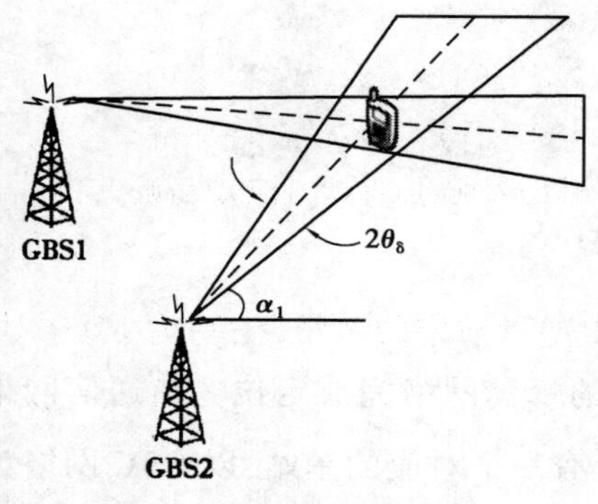

图 2-4-10　AoA 定位方法

3.AoA 定位

ToA 和 TDoA 定位方法都至少需要 3 个基站才能进行定位，如果人们所在区域基站分布较稀疏，周围收到的基站信号只有 2 个，就无法定位。这种情况下就可以使用 AoA(Angle of Arrival)定位法。只要用天线阵列测得定位目标和两个基站间连线的方位，就可以利用两条射线的焦点确定出目标的位置，如图 2-4-10 所示。

三、新型定位技术

1.A-GPS 定位

A-GPS(Assisted Global Positioning System)网络辅助 GPS 定位，这种定位方法可以看作是 GPS 定位和蜂窝基站定位的结合体，如图 2-4-11 所示。GPS 定位较慢，初次定位还需要花几分钟来搜索当前可用的卫星信号。基站定位虽然速度快，但其精度却不如 GPS 高。A-GPS 取长补短，利用基站定位法，快速搜索当前所处大致位置，然后通过基站连入网络，通过网络服务器查询到当前上方可用的卫星信号，极大地缩短了搜索卫星的速度。知道哪几颗卫星可用之后，只需要用这几颗卫星定位就可以得到非常精确的结果。使用A-GPS 定位，全过程只需要数十秒，还可以获得 GPS 定位的精度，可以说是两全其美。

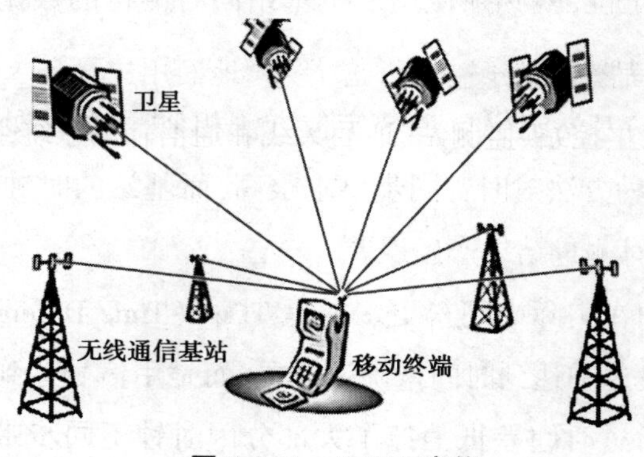

图 2-4-11　A-GPS 定位

2.无线 AP 定位

无线 AP(Access Point,接入点)定位是一种 Wi-Fi 定位技术,它与蜂窝基站的 COO 定位技术相似,通过 Wi-Fi 接入点来确定目标的位置,如图 2-4-12 所示。

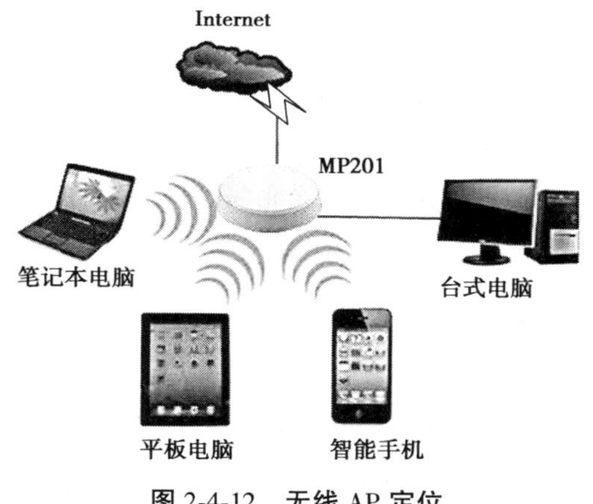

图 2-4-12　无线 AP 定位

在无线 AP 定位中,每个 AP 都在不断地向外广播信息,以便各种 Wi-Fi 设备寻找接入点,信息中包含 AP 在全球唯一的 MAC 地址。如果用一个数据库记录下全世界所有无线 AP 的 MAC 地址,以及该 AP 所在的位置,就可以通过查询数据库来得到附近 AP 的位置,再通过信号强度估算出比较精确的位置。

四、北斗定位系统

北斗定位系统是我国自主研发正在实施的全球卫星导航定位系统,缩写为 BDS。北斗卫星导航定位系统包括北斗卫星导航试验系统和北斗导航定位系统。我国目前已成功发射多颗北斗导航卫星(见图 2-4-13),将在系统组网和试验基础上,逐步扩展为全球卫星导航系统。

图 2-4-13　北斗导航卫星

1.北斗定位系统的组成

北斗定位系统由地面控制部分、空间卫星星座、地面用户设备 3 部分组成。

● 地面控制部分:由主控站、监测站、地面天线和通信辅助系统组成。

● 空间卫星星座:卫星系统的空间卫星一般运行在距离地面 20 000 km 左右的太空,由 24~30 颗卫星组成星座,依据其结构设计分布在 3 个或 6 个轨道平面上,相邻轨道间的夹角相同。为保证系统的连续运行,一般在每个轨道上还部署一颗备份卫星,一旦有卫星发生故障,则可以立即替代。

● 地面用户设备:即导航信号接收机。其主要功能是能够捕获到卫星,并跟踪这些卫星的运行。当接收机捕获到跟踪的卫星信号后,即可测量出接收天线至卫星的伪距离和距离的变化率,解调出卫星轨道参数等数据。根据这些数据,接收机中的微处理计算机就可按定位解算方法进行定位计算,计算出用户所在地理位置的经纬度、高度、速度、时间等信息。

2. 北斗定位系统的特点

①通信畅通率高。北斗定位系统具有较高的通信畅通率,支持多用户并发处理,通信快速,端对端之间的传输可在 1 s 内完成,因此,系统可以满足大容量数据传送和短时间数据采集的要求。

②快速定位。北斗定位系统提供的定位功能是以主从请求响应模式进行的,即用户首先使用北斗用户机发出定位请求,北斗卫星地面控制中心在接收到请求后对用户机位置进行计算,然后通过卫星转发到用户机。尽管系统的定位服务流程复杂,但系统的响应时间非常快,从用户机发出请求到完成定位,时间通常不超过 1 s。可为服务区域内用户提供全天候、高精度、快速实时定位服务,定位精度为 5 m。

③双向短报文通信。北斗定位系统的用户终端具有双向报文通信功能,用户可以一次传送 40~60 个汉字的短报文信息。与 GPS 相比,它不仅能使用户知道自己的所在位置,还可以告知用户其他用户所在的位置,即可同时解决“我在哪”和“你在哪”,特别适用于需要导航与移动数据通信的场所,如交通运输、调度指挥、搜索营救、地理信息实时查询等。

④抗干扰,保密性强。北斗系统采用码分多址的直接序列扩频(DS)方式,具备很强的抗干扰能力和保密性,可以保障数据可靠安全的传输。

⑤抗衰减性。北斗系统采用 L/S/C 波段,减小了恶劣天气对该波段的影响,保障了系统的全天候使用。

3. 北斗定位系统的应用

北斗卫星导航系统是重要的空间基础设施,可提供高精度的定位、测速和授时服务,能带来巨大的社会效益和经济效益。

(1)抗震救灾

图 2-4-14　北斗导航在抗震救灾中的应用

以汶川地震为例,地震之后,通信基础设施被地震损坏,交通瘫痪。如何实时传递信息,掌握灾情动态成了巨大难题。此时,北斗定位系统大显身手,卫星导航系统可以为全球用户提供全天时、全天候、高精度的导航、定位和授时信息,可以监测地块及边界带运动,了解地震前后的变化,并且担负了灾后的绝大部分通信任务。首批进入灾区救援的武警官兵就是通过北斗卫星导航系统终端机发出了一束束生命急救电波,让后续的救援官兵及时掌握最新灾情和救援情况,如图 2-4-14 所示。

(2)安全保卫

2008 年 8 月 8 日,是全国人民振奋人心的日子。我国几代人的梦想终于实现了,第 29 届奥运会在北京举办。北斗定位系统在交通调度、场馆安全保卫及定位监控等方面发挥了巨大作用,如图 2-4-15 所示。

图 2-4-15 北斗定位系统在交通调度中的应用

(3)船舶监控

在海事管理中应用北斗定位系统,必将对船舶的航行安全起到重大作用,改变海上交通管理体系,同时拓宽了海事管辖的范围。船载的北斗设备和岸上的海事监控中心都可以对航行过程和区域内船舶的动态变化情况进行监控,减少船舶的海难事故,通过统一的管理提高船舶的通行效率。在突发灾难事故面前,北斗定位系统有助于组织救援,减少损失,促进海洋经济和水运事业的发展,如图 2-4-16 所示。

图 2-4-16 北斗定位系统在船舶监控中的应用

▶ 知识拓展

扫描二维码了解 GPS 系统的发展。

GPS 系统的发展

▶ 任务小结

随着科技的不断进步和物联网时代的到来,我们现在可以清楚地知道自己在地球的哪个位置,因为我们拥有了比较健全的定位系统。几十年来,人们在定位技术领域做了大量的研究,使定位变得越来越简单,越来越高效,能够更好地为人们的生产、生活服务。

▶ 任务评价

评价内容	评价方式	评价等级	
		优秀	合格
GPS 的发展历程	提问或作业	能完整清晰表述或书写	能表述
GPS 的系统模型	提问或作业	能完整清晰表述或书写	能表述
GPS 在生活中的应用实例	提问或作业	能举出多个实例	能举例
课堂笔记是否美观、完整	随堂或作业	书写整齐且完整	有笔记

▶ 任务检测

一、填空题

1.GPS 是________________________________的简称。

2.GPS 系统包括:____________、____________、____________。

3.GPS 系统的特点有____________、____________、____________和____________。

4.蜂窝基站定位主要包括:____________、____________、____________。

5.新型定位技术包括:____________________、____________________。

二、简答题

1.常见的 GPS 应用实例有哪些?

2.北斗定位系统有哪些特点?

项目三　物联网网络层

项目概述

网络层位于物联网3层结构中的第二层,其功能为“传送”,即通过通信网络进行信息传输。网络层作为纽带连接着感知层和应用层,它由各种私有网、互联网、有线和无线通信网等组成,相当于人的神经中枢系统,负责将感知层获取的信息,安全可靠地传输到应用层,然后根据不同的应用需求进行信息处理。

物联网网络层包含接入网和传输网,分别实现接入功能和传输功能。物联网的网络层基本上综合了已有的全部网络形式,来构建更加广泛的“互联”。每种网络都有自己的特点和应用场景,互相组合才能发挥出最大的作用,因此在实际应用中,信息往往经由任何一种网络或几种网络组合的形式进行传输。

在本项目中,主要对移动通信网络、互联网、典型短距离无线通信网进行介绍。通过本项目的学习,可以使学生对这几种网络有初步了解,为下一项目的学习奠定基础。

项目目标

知识目标:

- 认知物联网网络层的作用及地位;
- 了解移动通信网络技术、互联网技术、常用短距离无线通信技术的相关概念;
- 熟悉互联网中常用的网络互联设备以及 Windows 常用的网络命令。

能力目标:

- 理解物联网的整体系统架构;
- 能熟练操作常用网络互联设备中的路由器;
- 能熟练使用 Windows 常用的网络命令(如 ping、ipconfig 等)。

素养目标:

- 培养学生通过网络完成资料搜集整理的能力;
- 培养学生养成探究学习、小组合作的好习惯;
- 培养学生将理论问题与生活实例相联系的思考方式。

任务一　移动通信网络

▶ 任务分析

在本任务中，将对移动通信网络进行初步介绍，主要介绍其基本概念、发展历史以及在物联网中的作用等。通过学习，使学生能对移动通信网络有初步概念，这将为学生理解物联网整体架构奠定良好基础。

▶ 任务讲解

一、移动通信网基本概念

在人类社会的发展进程中，通信始终与人类社会的各种活动密切相关。无论是古代的"烽火台""八百里加急"的驿站快马接力、击鼓、信鸽、旗语等，还是现代的4G、5G移动通信，都属于通信的范畴。古代的通信对于远距离来说，最快也要几天的时间，而现代通信，如电话、短信、微信、QQ、邮件等实现了即时通信。现代通信系统是信息时代的生命线，以信息为主导的信息化社会又促进通信新技术的大力发展，移动通信已成为现代通信中发展最为迅速的一种通信手段。

人们对通信的理想要求是任何人（Whoever）在任何时候（Whenever）无论在任何地方（Wherever）能够同任何人（Whoever）进行任何方式（Whatever）的交流。因此，移动通信在现代通信领域中占有十分重要的地位。

1.移动通信的定义

移动通信是移动体之间的通信，是实现移动用户和固定点用户之间或移动用户相互之间的通信，其基本概念就是"动中通"，即通信双方至少有一方在移动中进行信息传输和交换。例如，运动着的车辆、船舶、飞机或者行走着的人与固定点之间进行信息交换（这里所说的信息交换，不仅指双方的通话，同时也包括数据、图像、视频等多媒体业务），或者移动物体之间的通信都属于移动通信。移动通信系统由两部分组成：①空间系统；②地面系统（卫星移动无线电台、天线、基站），如图3-1-1所示。

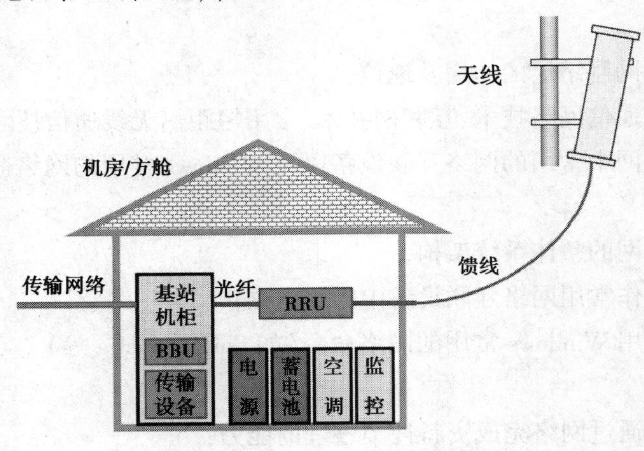

图3-1-1　地面系统组成部分

2.移动通信的特征

移动通信是一门复杂的高新技术,由于在通信中至少有一方处于运动状态,只能通过无线电波进行信息传输,因此移动通信也称为移动无线电通信方式。移动通信与其他通信方式相比,主要具有以下几个特征。

(1)无线电波的传播环境复杂

在移动通信中,基站至用户间靠无线电波来传送信息。移动台接收到的电波一般是直射波和随时变化的绕射波、反射波、散射波的叠加,这样就造成所接收信号的电场强度起伏不定,最大可相差 20~30 dB,这种现象称为衰落,如图 3-1-2 所示。在衰落现象中,既有长期(慢)衰落,也有十分严重和频繁的短期(快)衰落。因此,一般要求移动台的发射功率具有自动调整的能力,同时移动台的接收机需要具有自动增益控制的能力,当通信距离迅速改变时能自动进行信号调整。

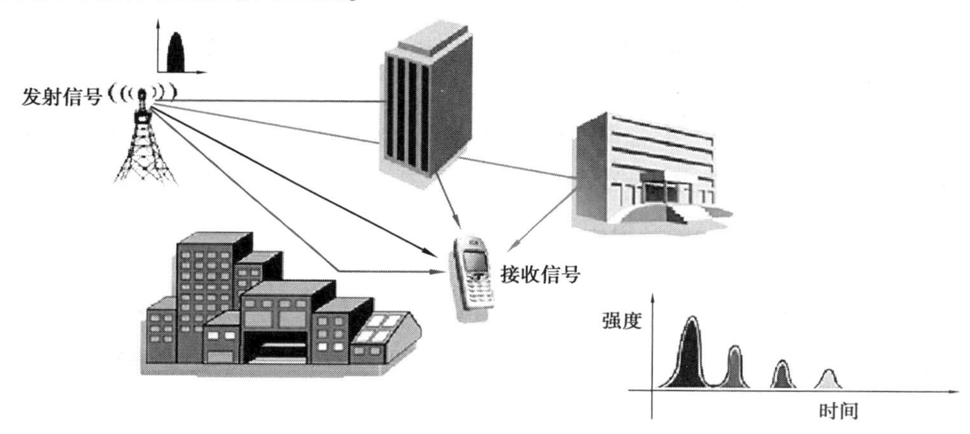

图 3-1-2　电波的多径传播

(2)多普勒频移产生调制噪声

当移动台的运动达到一定速度时,固定点接收到的载波频率将随运动速度的不同而产生不同的频移,即产生多普勒效应。在高速移动通信系统中,多普勒频移导致无线通信中发射和接收的频率不一致,从而使加载在频率上的信号无法正确接收,甚至无法接收到。多普勒效应可影响 300 Hz 左右的语音,产生附加调频噪声,出现失真。声波多普勒效应示意图如图 3-1-3 所示。

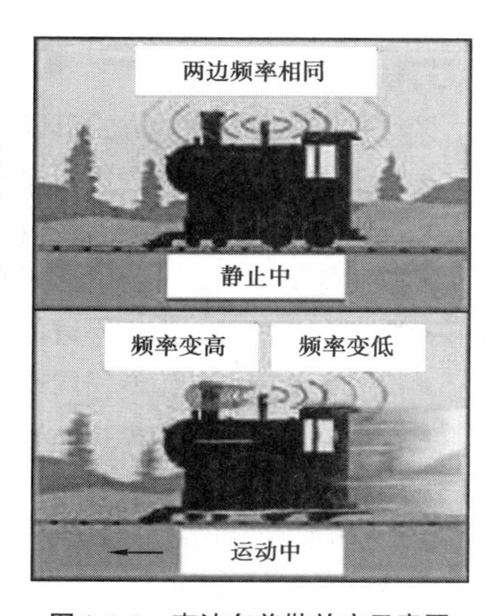

图 3-1-3　声波多普勒效应示意图

(3)移动台工作时经常受到各种干扰

①城市噪声干扰,如各种车辆发动机点火噪声、微波炉干扰噪声、工地施工噪声等,如图 3-1-4 所示。

②自然界中如风、雨、雷等自然噪声。

③互调干扰、同频干扰及邻道干扰等。互调干扰属于移动系统内部的干扰,主要是系统设备中的非线性引起的,如混频选择不好,使用无用信号混入等造成的干扰;同频干扰

是相同频率电台之间的干扰，属于系统之间的干扰；邻道干扰也是属于系统之间的干扰，是相邻信道之间的干扰，如图 3-1-5 所示为移动通信中的干扰。

图 3-1-4　城市噪声干扰

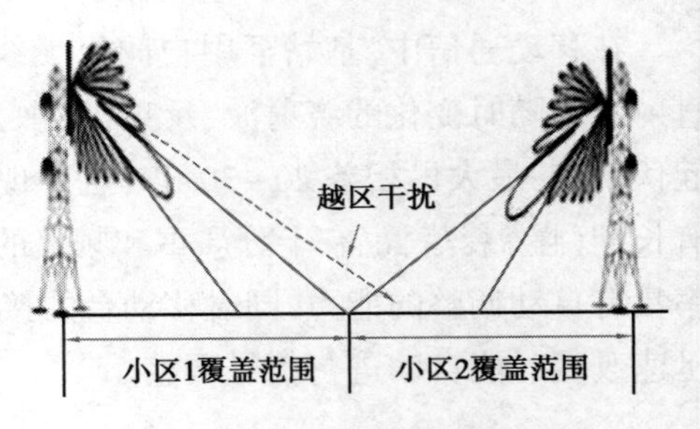

图 3-1-5　移动通信中的干扰

(4)对移动台的要求高

移动台长期处于运动中，时常遇到尘土、振动、日晒雨淋等情况，这就要求它必须有防振、防尘、防潮、抗冲击等能力，还要求性能稳定可靠、携带方便、低功耗等。同时，为了方便用户使用，要求操作方便、坚固耐用，这就给移动台的设计和制造带来很多困难。

(5)通道容量有限

有限的频率资源决定了有限的信道数目，这和日益增长的用户量形成了一对矛盾。为了解决这对矛盾，除了开辟新的频段，缩小频道间隔之外，研究各种有效利用频率的技术和新的体制是移动通信目前面临的重要课题。

(6)通信系统复杂

通信系统网络结构多种多样，网管和网络技术复杂，这些都增加了通信系统的复杂性。

3. 移动通信的分类

移动通信根据不同的方式可以分为不同种类，主要有以下几种分类。

- 按使用对象可以分为民用设备通信和军用设备通信；
- 按使用环境可以分为陆地通信、海上通信和空中通信；
- 按业务类型可以分为电话网通信、数据网通信和综合业务网通信；
- 按工作方式可分为单工通信、半双工通信和双工通信；
- 按服务范围可分为专用网通信和公用网通信；
- 按信号形式可分为模拟网通信和数字网通信；
- 按多址方式可以分为频分多址(FDMA)、时分多址(TDMA)和码分多址(CDMA)等，其示意图如图 3-1-6 所示。

二、移动通信的发展

1. 移动通信发展概况

现代意义上的移动通信系统起源于 20 世纪 20 年代，距今已有百年历史。大致算来，现代移动通信系统经历了如下 4 个发展阶段。

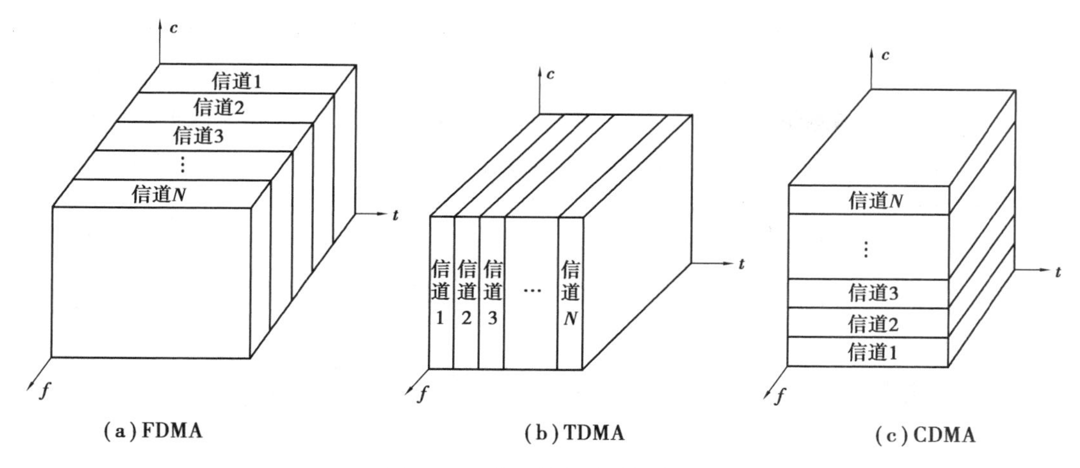

图 3-1-6　多址接入方式示意图

第一阶段，从 20 世纪 20 年代至 40 年代，为早期发展阶段。在这期间，初步进行了一些传播特性的测试，并且在短波的几个频段上开发了专用移动通信系统，其代表是美国底特律市警察使用的车载无线电系统（见图 3-1-7）。该系统的工作频率为 2 MHz，到 20 世纪 40 年代提高到 30~40 MHz。可以认为这个阶段是现代移动通信的起步阶段，特点是专用系统开发，工作频率较低，工作方式为单工或半双工方式。

第二阶段，从 20 世纪 40 年代中期至 60 年代初期。在此期间，公用移动通信业务开始问世。1946 年，根据美国联邦通信委员会（FCC）的计划，贝尔实验室在圣路易斯城建立了世界上第一个公用汽车电话网，成为“城市系统”。当时使用了 3 个频道，间隔为 120 kHz，通信方式为单工。随后，联邦德国（1950 年）、法国（1956 年）、英国（1959 年）等相继研制了公用移动电话系统。美国贝尔实验室完成了人工交换系统的接续问题。这一阶段的特点是从专用移动网向公用网过渡，接续方式为人工，如图 3-1-8 所示。

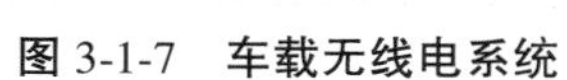
图 3-1-7　车载无线电系统

图 3-1-8　人工交换通信系统

第三阶段，从 20 世纪 60 年代中期至 70 年代中期。在此期间，美国推出了改进型移动电话系统（IMTS），使用 150 MHz 和 450 MHz 频段，采用大区制、中小容量，实现了无线频道自动选择并能够自动接续到公用电话网。德国也推出了具有相同技术水平的 B 网。可以说，这一阶段是移动通信系统改进与完善的阶段，其特点是采用大区制、中小容量、450 MHz 频段，实现了自动选频与自动接续。

第四阶段，从 20 世纪 70 年代中后期至今。在此期间，由于蜂窝理论的应用，频率复用的概念得以实用化。蜂窝移动通信系统是针对之前带宽和干扰的限制，通过分割小区，有效地控制干扰,在相隔一定距离的基站,重复使用相同的频率,从而实现频率复用,大大提高了频谱的利用率,有效地提高了系统的容量。同时,由于微电子技术、计算机技术、通信网络技术以及通信调制编码技术的发展,移动通信在交换、信令网络和无线调制编码技术等方面有了长足的发展。这是移动通信蓬勃发展的时期,其特点是通信容量迅速增加,新业务不断出现,通信性能不断完善,技术的发展呈加快趋势。

第四阶段的蜂窝移动通信系统又可以分为以下几个发展阶段:第一代移动通信系统(1G)、第二代移动通信系统(2G)、第三代移动通信系统(3G)、第四代移动通信系统(4G)、第五代移动通信系统(5G),如图 3-1-9 所示。

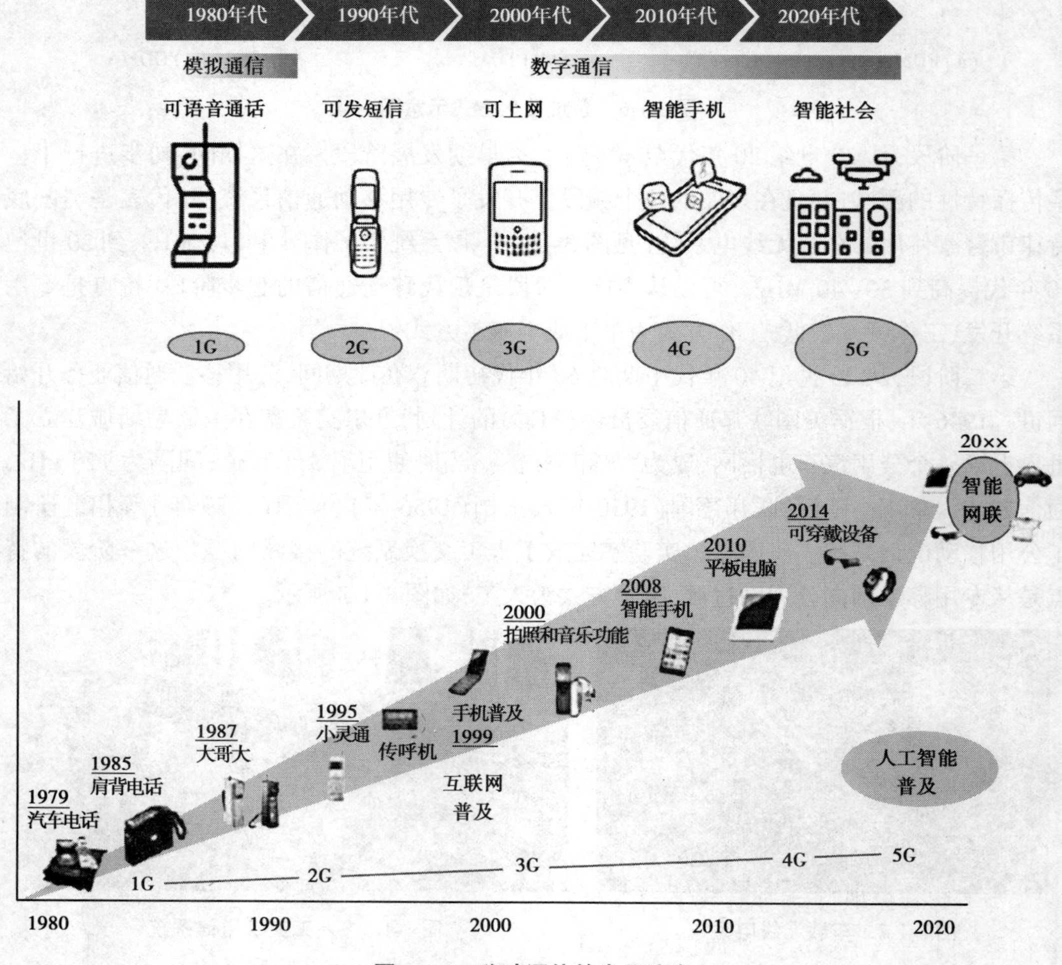

图 3-1-9　移动通信的发展演变

2.移动通信技术的发展

(1)第一代移动通信技术(1G)

第一代移动通信技术是指最初的模拟、仅限语音的蜂窝电话标准。由于受到传输带宽的限制,不能进行移动通信的长途漫游,只能是一种区域性的移动通信系统。

①第一代移动通信技术的主要技术标准。

第一代移动通信系统有多种制式。1978 年底,美国贝尔实验室成功研制出先进的移动电话系统(Advanced Mobile Phone System,AMPS),建成了蜂窝移动通信网,大大提高了系统容量,1986 年首次在美国芝加哥投入商用;同年 12 月,在华盛顿也开始启用;之后,服务区域在美国逐渐扩大。

同一时期,欧洲各国纷纷建立起自己的第一代移动通信系统。瑞典等北欧四国在 1980 年研制成功了 NMT-450 移动通信网并投入使用;联邦德国在 1984 年完成了 C 网络(C-Netz);英国在 1985 年开发出频段在 900 MHz 的全接入通信系统(Total Access Communications System,TACS)。

在各种 1G 系统中,世界上主要采用的是美国 AMPS 制式的移动通信系统,它曾经在超过 72 个国家和地区运营,直到 1997 年还在一些地方使用。同时,有近 30 个国家和地区采用英国 TACS 制式的 1G 系统。这两个移动通信系统是世界上最具影响力的 1G 系统。

我国第一代移动通信系统主要采用英国 TACS 制式,是在 1987 年的广东第六届全运会上正式启动的。第一代移动通信系统在国内刚刚建立的时候,很多人手中拿的还是大块头的摩托罗拉 8000X,俗称"大哥大",重约 1 kg,一次充电的通话时间为半小时,销售价格为 3 995 美元,是名副其实的最贵重的"砖头",如图 3-1-10 所示。

图 3-1-10　模拟移动电话

②第一代移动通信技术的主要特征。

在第一代移动通信系统中,主要采用模拟技术,传输模拟信号,因此 1G 只能应用在一般语音传输上,且语音品质低、信号不稳定、覆盖范围也不够广泛,并且还会经常出现串号、盗号等现象。

(2)第二代移动通信技术(2G)

为了弥补模拟移动通信系统的不足,人们提出了第二代移动通信系统——数字蜂窝移动通信系统。1G 到 2G 是从模拟调制进入数字调制,相较而言,第二代移动通信技术具备高度的保密性,系统的容量也在增加,同时从这一代通信技术开始,手机也可以上网了。2G 声音的品质较佳,比 1G 多了数据传输的服务,数据传输速度为每秒 9.6~14.4 kbit,最早的手机短信也从此开始。第一款支持 WAP 的 GSM 手机是诺基亚 7110,如图 3-1-11 所示,它的出现标志着手机上网时代的开始。

图 3-1-11　诺基亚 7110

①第二代移动通信技术的主要技术标准。

• GSM

在第二代移动通信技术中，采用的通信技术标准为 GSM（Global System for Mobile Communication，全球移动通信系统），是一种起源于欧洲的移动通信技术标准。其开发目的是让全球各地可以共同使用一个移动电话网络标准。让用户使用一部手机就能行遍全球。我国于 20 世纪 90 年代初引进采用此项技术标准。从 1992 年在嘉兴建立和开通第一个 GSM 演示系统，并于 1993 年 9 月正式开放业务以来，全国各地的移动通信系统中大多采用 GSM 系统，使 GSM 系统成为我国最成熟和市场占有量最大的一种数字蜂窝系统。GSM 系统包括 GSM 900：900 MHz、GSM1800：1 800 MHz 及 GSM-1900：1 900 MHz 等几个频段。

• GPRS（2.5G）

GPRS 的中文含义为通用分组无线业务（General Packet Radio Service），是 GSM 移动电话用户可用的一种移动数据业务。它经常被描述成"2.5G"，也就是说这项技术位于第二代（2G）和第三代（3G）移动通信技术之间，通过利用 GSM 网络中未使用的 TDMA 信道，提供中速的数据传递。其主要特点是数据实现分组发送和接收，可以按流量计费，其传输速度达到 56~115 kbit/s。

由于使用了"分组"的技术，用户上网可以免受断线的烦恼。从技术上来说，声音的传送（即通话）继续使用 GSM，而数据的传送便可使用 GPRS，把移动电话的应用提升到一个更高的层次。发展 GPRS 技术也十分经济，因为只需沿用现有的 GSM 网络来发展即可。GPRS 的用途十分广泛，包括通过手机发送及接收电子邮件，浏览互联网上的页面等。

• EDGE（2.75G）

EDGE 是一种基于 GSM/GPRS 网络的数据增强型移动通信技术，是 GPRS 到第三代移动通信的过渡性技术方案，比"2.5G"技术 GPRS 更加优良，因此也有人称它为"2.75G"技术。EDGE 除了采用现有的 GSM 频率外，还利用了大部分现有的 GSM 设备，只需对网络软件及硬件做一些较小的改动，就能够使运营商向移动用户提供诸如互联网浏览、视频电话会议和高速电子邮件传输等无线多媒体服务。它允许高达 384 kbit/s 的数据传输速率。

②第二代移动通信技术的主要特点。

与第一代模拟蜂窝移动通信相比，第二代移动通信系统克服了模拟移动通信系统的弱点，提供了更高的网络容量，改善了话音质量，具有保密性强、频谱利用率高、能提供丰富的业务、标准化程度高等特点。第二代移动通信系统主要采用的是数字时分多址（TDMA）技术和码分多址（CDMA）技术，主要业务是语音，其主要特性是提供数字化的话音业务及低速数据业务。由于第二代移动通信采用不同的制式，移动通信标准不统一，用户只能在同一制式覆盖的范围内进行漫游，因而无法进行全球漫游。第二代数字移动通信系统带宽有限，限制了数据业务的应用，也无法实现高速率的业务（如移动的多媒体业务）。

（3）第三代移动通信技术（3G）

第三代移动通信系统，是在第二代移动通信技术基础上进一步演进的以宽带 CDMA 技术为主，并能同时提供话音和数据业务的移动通信系统，是彻底解决第一、二代移动通信系统主要弊端的更先进的移动通信系统。其中一个突出特点就是，实现了个人终端用户能够在全球范围内的任何时间、任何地点，与任何人，用任意方式、高质量地完成任何信息的传输。自 2000 年左右开始，第三代移动通信开始大面积普及，图 3-1-12 所示为 3G 时代的智能手机。

图 3-1-12　3G 时代的智能手机

①第三代移动通信技术的主要技术标准。

国际电信联盟确定 3G 通信的三大主流无线接口标准分别是欧洲的 WCDMA、美国的 CDMA2000 和中国的 TD-SCDMA。

- WCDMA

WCDMA 是 Wideband Code Division Multiple Access（宽带码分多址）的英文简称。宽带码分多址是一个 ITU 标准，它是从 CDMA 演变而来的，与 EDGE 相比，它能够为移动和手提无线设备提供更快的数据传输速率，能够支持移动和手提设备之间的语音、图像、数据以及视频通信，速率可达 2 Mbit/s（室内静止）或者 384 kbit/s（户外移动）。

中国联通公司于 2009 年 5 月 17 日开始尝试商用 WCDMA 服务，10 月 1 日正式商用 WCDMA R6 网络，最高下载速率可以达到 7.2 Mbit/s。该标准拥有较高的扩频增益，发展空间较大，全球漫游能力强，技术成熟性更佳。

- CDMA2000

CDMA2000（Code Division Multiple Access 2000）是 3G 移动通信的另一个标准，以美国高通北美公司为主导提出的，使用 CDMA 的国家有美国、韩国、日本等，我国的中国电信公司也采用此标准。相对于 WCDMA 来说，CDMA2000 的适用范围要小些，使用者和支持者也要少些，但该标准可以从原有的 CDMA1X 直接升级到 3G，建设成本低廉。另外，CDMA2000与另两个主要的 3G 标准 WCDMA 以及 TD-SCDMA 不兼容。

- TD-SCDMA

TD-SCDMA（Time Division-Synchronous Code Division Multiple Access，时分同步码分多址）技术方案是我国首次向国际电信联盟提出的建议，2000 年 5 月，国际电信联盟公布 TD-SCDMA 正式成为 ITU 第三代移动通信标准的一个组成部分，也是 ITU 批准的 3 个 3G 标准中的一个，是以我国知识产权为主的、被国际上广泛接受和认可的无线通信国际标准，是我国电信史上重要的里程碑。相对于另两个主要 3G 标准 CDMA2000 和 WCDMA，它的起步较晚，技术不够成熟。

②第三代移动通信技术的主要特点。

相比于第二代移动通信系统，第三代移动通信系统无论在通信质量还是在业务扩展以及高速移动通信能力上，都迈出了决定性的一步。总体来讲，3G 是以宽带 CDMA 技术为基础，可以处理图像、声音、视频等多种媒体形式，提供包括网页浏览、电话会议、电子商务等多种信息服务，支持不同数据传输速率，在传输速率上获得了极大提升的一代通信技术。

(4)第四代移动通信技术(4G)

虽然 3G 较之 2G 可以提供更大容量、更好的通信质量并且支持多媒体应用，但是随着人们对 3G 技术及其应用研究的不断深入，3G 技术在支持 IP 多媒体业务、提高频谱利用率以及资源综合优化等方面的局限性也渐露端倪，继而推动了第四代移动通信技术的产生。

4G 是集 3G 与 WLAN 于一体，能够传输高质量的视频图像，它的图像传输质量与高清晰度电视不相上下。4G 系统能够提供 100 Mbit/s 的下载速率，上传的速率也能达到 20 Mbit/s，并能够满足几乎所有用户对于无线服务的要求。图 3-1-13 所示为 1G 到 4G 系统平均下载速率对比图。

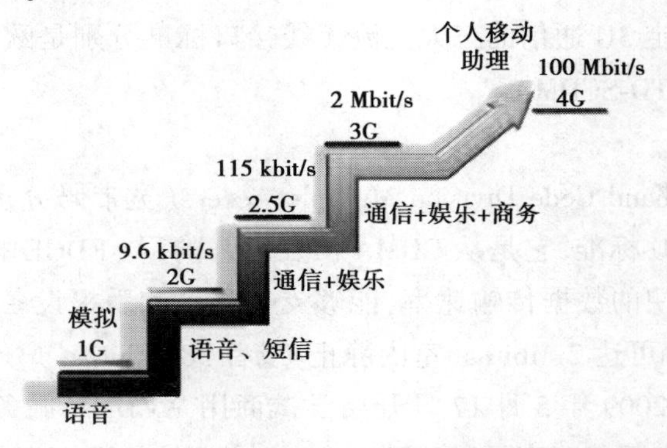

图 3-1-13　1G 到 4G 系统平均下载速率对比图

①第四代移动通信技术的主要技术标准。

国际电信联盟已经将 WiMax、HSPA+、LTE、LTE-Advanced、WirelessMAN-Advanced 纳入 4G 标准，目前 4G 标准已经达到了 5 种。

• LTE

LTE(Long Term Evolution，长期演进)是 3G 的演进，它改进并增强了 3G 的空中接入技术，采用 OFDM 和 MIMO 作为其无线网络演进的唯一标准，于 2004 年 12 月在多伦多正式立项并启动。

其主要特点：在 20 MHz 频谱宽带下能够提供下行 100 Mbit/s 与上行 50 Mbit/s 的峰值速率，相对于 3G 网络，大大提高了小区的容量，同时将网络延迟大大降低。另外，该网络提供媲美固定宽带的网速，网络浏览速度大大提升。

• LTE-Advanced

从字面上看，LTE-Advanced 是 LTE 技术的升级版。LTE-Advanced 是一个向后兼容的技术，完全兼容 LTE，在 100 MHz 频谱带宽下，能够提供下行 1 Gbit/s、上行 500 Mbit/s 的峰值速率。

严格来讲，LTE 作为 3.9G 移动通信技术，LTE-Advanced 作为 4G 标准更加准确。LTE-Advanced包含 TDD 和 FDD 两种制式，TD-SCDMA 进化到了 TDD 制式，而 WCDMA 网络进化为 FDD 制式。目前，国内 4G 标准中，中国移动采用 TD-LTE，中国联通和中国电信采用 FDD-LTE，FDD-LTE 在国际上使用更多。

● WiMax

WiMax（Worldwide Interoperability for Microwave Access），即全球微波互联接入，其另一个名字是 IEEE 802.16 或者 802.16。从 802.16 这个名字可以看出，它与 802.11（无线局域网）都是 IEEE（电气与电子工业协会）所定义的通信技术协议标准。Wi-Fi 是局域网技术，而 WiMax 是城域网技术。简单来说，WiMax 是加强版的 Wi-Fi，因为 Wi-Fi 最多可以无障碍传输几百米，而 WiMax 理论上可以传输 50 km。严格来讲，WiMax 并不能算作移动通信技术，而是无线网络技术。

● HSPA+

HSDPA+（High Speed Downlink Packet Access），即高速下行链路分组接入技术，而 HSUPA 为高速上行链路分组接入技术，两者合称为 HSPA 技术，HSPA+是 HSPA 的衍生版，能够在 HSPA 网络上进行改造而升级到该网络，是一种经济、高效的 4G 网络。

● WirelessMAN-Advanced

WirelessMAN-Advanced 事实上就是 WiMax 的升级版，即 IEEE802.16m 标准，最高可提供 1 Gbit/s 无线传输速率，还将兼容 4G 无线网络。

②第四代移动通信技术的主要特点。

相比 2G、3G 通信，4G 通信给了人们真正的沟通自由，并彻底改变了人们的生活方式甚至社会形态。它具有以下主要特点：通信速度更快、网络频谱更宽、通信更加灵活、智能更高、兼容性能更平滑、提供各种增值服务、实现更高质量的多媒体通信、频率使用效率更高以及通信费用更加便宜。

（5）第五代移动通信技术（5G）

目前，5G 已成为全球研发的热点。5G 是继 4G 之后，为了满足智能终端的快速普及和移动互联网的高速发展而开发的新一代通信技术，是面向 2020 年后人类信息社会需求的通信网络，因此 5G 又称为 IMT-2020，将为社会提供全方位的信息生态系统，实现人与万物智能互联的愿景。

5G 时代的未来

①第五代移动通信技术的主要特点。

关于 5G 的关键技术，相比前几代移动通信技术更加丰富，用户体验速率、连接数密度、端到端时延、峰值速率和移动性等都将成为 5G 的关键性能指标。根据 5G 概念白皮书的描述，业界认为 5G 应具有如下基本特征。

1G 到 5G 移动通信进化史

a.互联网设备数目扩大 100 倍。随着物联网和智能终端的快速发展，预计 2020 年后，联网的设备数目将达到 500 亿~1 000 亿部（个）。未来的 5G 网络单位覆盖面积内支持的设备数目将大大增加,相对于 4G 网络将增长 100 倍。对于一些特殊应用,单位面积内通过 5G 联网的设备数目将达到 100 万个。

b.数据流量增长 1 000 倍。业界预测在 2020 年后,全球移动数据流量将达到 2010 年的 1 000 倍。因此,5G 单位面积的吞吐量能力,特别是忙时吞吐量能力也要求提升 1 000 倍,至少达到 100 Gbit/s 以上。

c.峰值速率至少 10 Gbit/s。5G 网络的峰值速率相较于 4G 网络的峰值速率,需要提升 10 倍,即达到 10 Gbit/s。在特殊场景下,用户的单链路速率要求达到 100 Gbit/s。

d.网络耗能低。绿色低碳、节省能源是未来通信技术的发展趋势,未来的 5G 网络,要利用端到端的节能设计,使网络综合能耗效率提高 1 000 倍,满足 1 000 倍流量要求,但能耗与现有网络相当。

e.频谱利用率高。由于 5G 网络的用户规模大、业务量大、流量高,对频率的需求量大,要通过演进及频率倍增或压缩等创新技术的应用,提升频率利用率。相对于 4G 网络,5G 的平均频谱效率需要 5~10 倍的提升,解决大流量带来的频谱资源短缺问题。

f.可靠性高和时延短。5G 网络要满足用户随时随地的在线体验服务,并满足诸如应急通信、工业信息系统等更多高价值场景需求。因此,要求进一步降低用户时延和控制时延,相对于 4G 网络要缩短 80%以上。

②5G 商用。

2019 年 6 月 6 日,我国工信部向中国电信、中国移动、中国联通、中国广电发放 5G 商用牌照,这意味着从此将开启大规模 5G 网络建设与商用,将有望进一步提高我国 5G 产业在基础理论研究、核心器件制造等方面的实力。图 3-1-14 所示为工信部颁发 5G 牌照现场。

图 3-1-14　工信部颁发 5G 牌照现场

三、移动通信的未来应用

面向未来，移动互联网和物联网业务将成为移动通信发展的主要驱动力，根据5G白皮书的描述，5G将满足人们在居住、工作、休闲和交通等各种领域的多样化业务需求，即便在密集住宅区、办公室、体育场、露天集会、地铁、高速路、高铁等具有超高流量密度、超高连接数密度、超高移动性特征的场景，也可以为用户提供超高清视频、虚拟现实、增强现实、云桌面、在线游戏等极致业务体验。

与此同时，5G还将渗透到物联网及各种行业领域，与工业设施、医疗仪器、交通工具等深度融合，有效满足工业、医疗、交通等垂直行业的多样化业务需求，实现真正的“万物互联”，如图3-1-15所示。

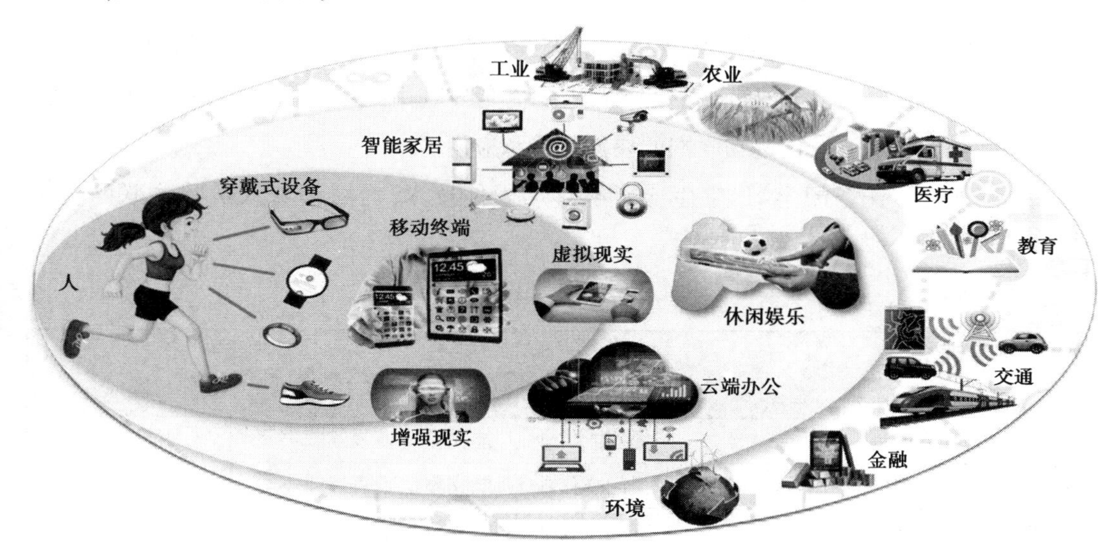

图3-1-15　5G未来的万物互联应用

1.5G在车联网中的应用

在5G商用牌照颁证会上，工信部苗圩部长强调，要以市场和业务为导向，聚焦车联网、工业互联网、物联网等领域，积极推进5G融合应用和创新发展。根据2019年6月5日的《福建日报》报道，福建省金龙客车在全球率先发布智能网联城市公交“5G智慧城市之光”。该智慧公交将建立全时空动态交通信息采集和融合系统，能实现和红绿灯“对话”、与公交站“沟通”，并能跟道路及行人“交流”，也能同道路上其他行驶车辆“互动”，做到智能车速控制、超视距防碰撞、精准停靠站、自动开关门等，实现人、车、路的群体智能协同控制。因此，可以想见，车联网将是5G最为明确的早期行业应用之一。

2.5G在远程医疗中的应用

5G网络将有助于快速、可靠地传输海量医学图像数据文件，如核磁共振成像和PET扫描的数据，使远程的专家能够更快看到内容，减少病人的等待时间。

5G网络将可以实时传输8K精度的高清视频影像，便于远程的专家能够更好地看清病患处的情况，提高诊断的准确率。

远程的专家通过5G网络可以操纵本地的手术机器人进行外科手术，而不用担心因为时延对病人造成影响。

▶ 知识拓展

描绘6G

中国移动：描绘6G。在“2019 5G和未来网络战略研讨会”上，中国移动研究院高级工程师潘成康作了精彩报告“多视点描绘6G”，探讨了6G的技术研发路径，描绘了6G时代虚实融合的网络世界，详细报告内容可通过扫描二维码进行了解。

▶ 任务小结

物联网已经被世界各国视为未来的一个主要经济增长点，也成为业界和学术界研究的热点。现代移动通信系统能够实现地域的无缝覆盖，接入非常方便，其数据通信能力更在不断增强。将现代移动通信的相关技术和系统充分应用到物联网的建设中，可以大大节约物联网的建设成本，促进物联网的快速普及和应用。

因此，通过本任务的学习，学生应了解移动通信技术，为后续深入学习物联网奠定基础。

▶ 任务评价

评价内容	评价方式	评价等级	
		优秀	合格
移动通信的发展历程	提问或作业	能完整清晰表述或书写	能表述
移动通信系统的概念	提问或作业	能完整清晰表述或书写	能表述
移动通信的主要技术标准	提问或作业	能完整清晰表述或书写	能表述
移动通信系统的应用范围	提问或作业	能完整清晰表述或书写	能表述

▶ 任务检测

一、填空题

1.现代移动通信系统经历了________个发展阶段。4G通信技术属于第________阶段。

2.第一代移动通信技术的主要技术标准有________________。

3.GSM的含义是________________________。

4.在第三代移动通信系统中，中国移动、中国电信、中国联通采用的主要技术标准分别是________________、________________和________________。

二、简答题

1.什么是移动通信？

2.简述移动通信中的蜂窝移动通信经历了哪几个发展阶段，每个阶段的主要技术标准

及技术特点。

3.简述 GPRS 的含义。

4.畅想 5G 或者 6G 移动通信的应用场景。

任务二　计算机网络技术

▶ 任务分析

通过本任务的学习,让学生了解计算机网络的定义、主要功能及分类,了解网络体系结构和网络参考模型的基础知识,了解网络互联,会使用 Windows 常用网络命令对网络进行基础检测。

▶ 任务讲解

一、计算机网络的基本概念

1.计算机网络的定义

计算机网络是把分布在不同地点,并具有独立功能的多个计算机系统通过通信设备和线路连接起来,在功能完善的网络软件和协议的管理下,实现网络中资源共享与通信的系统,图 3-2-1 所示为计算机互联网络系统基本模型。在计算机网络的定义中概括了 3 个方面的基本内涵。

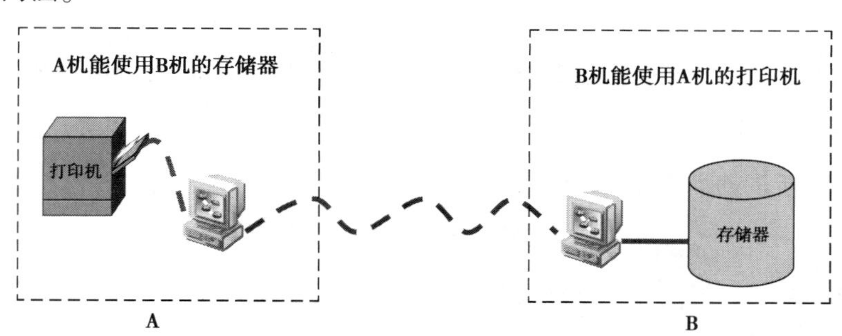

图 3-2-1　计算机互联网络系统基本模型

①必须有两台或两台以上、具有独立功能的计算机系统相互连接起来,以达到共享资源的目的。

②计算机互相通信交换信息,必须有一条通道。这条通道的连接是物理的,由物理介质来实现(如双绞线、光纤、微波、卫星信号等)。

③计算机系统之间的信息交换,必须要遵守某种约定和规则。

2.计算机网络的主要功能

(1)资源共享

• 硬件资源:包括各种类型的计算机、大容量存储设备、计算机外部设备,如彩色打印机、静电绘图仪等。

• 软件资源:包括各种应用软件、工具软件、系统开发所用的支撑软件、语言处理程序、数据库管理系统等。

• 数据资源:包括数据库文件、数据库、办公文档资料、企业生产报表等。

• 信道资源:通信信道可以理解为电信号的传输介质。通信信道的共享是计算机网络中最重要的共享资源之一。

(2)网络通信

通信通道可以传输各种类型的信息,包括文字、图像、声音、视频等各种多媒体信息。

(3)分布处理

把要处理的任务分散到各个计算机上运行,而不是集中在一台大型计算机上。这样,不仅可以降低软件设计的复杂性,而且还可以大大提高工作效率和降低成本。

(4)集中管理

对地理位置分散的组织和部门,可通过计算机网络来实现集中管理,如数据库情报检索系统、交通运输部门的订票系统、军事指挥系统等。

(5)均衡负荷

当网络中某台计算机的任务负荷太重时,通过网络和应用程序的控制和管理,将作业分散到网络中的其他计算机中,由多台计算机共同完成。

3.计算机网络的分类

由于计算机网络自身的特点,其分类方法有多种。根据不同的分类原则,可以得到不同类型的计算机网络。

(1)按网络连接的地理范围分类

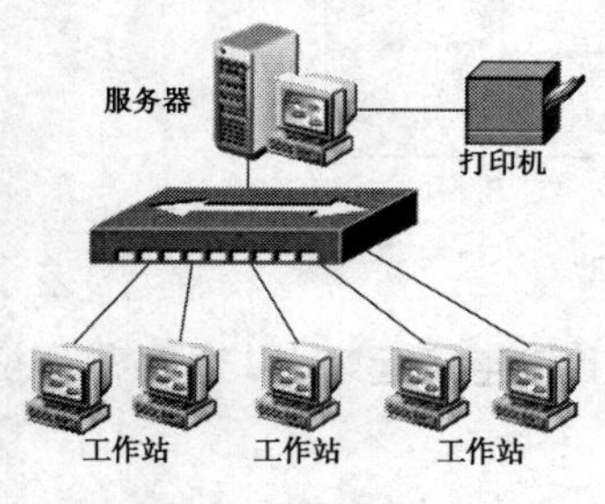

图 3-2-2　局域网连接示意图

按网络连接的地理范围不同,可将计算机网络分成局域网、城域网、广域网 3 种类型。

局域网(Local Area Network,LAN):覆盖范围是几百米到几千米,通常用于组建企业网和校园网,图 3-2-2 所示为局域网连接示意图。

城域网(Wide Area Network,WAN):局域网的延伸,用于局域网之间的连接,网络规模局限在一座城市范围内,覆盖的地理范围从几十千米至几百千米,图 3-2-3 所示为城域网连接示意图。

广域网(Wide Area Network,WAN):又称远程网,是指在一个很大的地理范围(从数百千米到数千千米,甚至上万千米)内由许多局域网组成的网络。广域网是将远距离的网络和资源连接起来的任何系统,主要在一个地区、行业甚至在全国范围内组网,达到资源共享的目的。

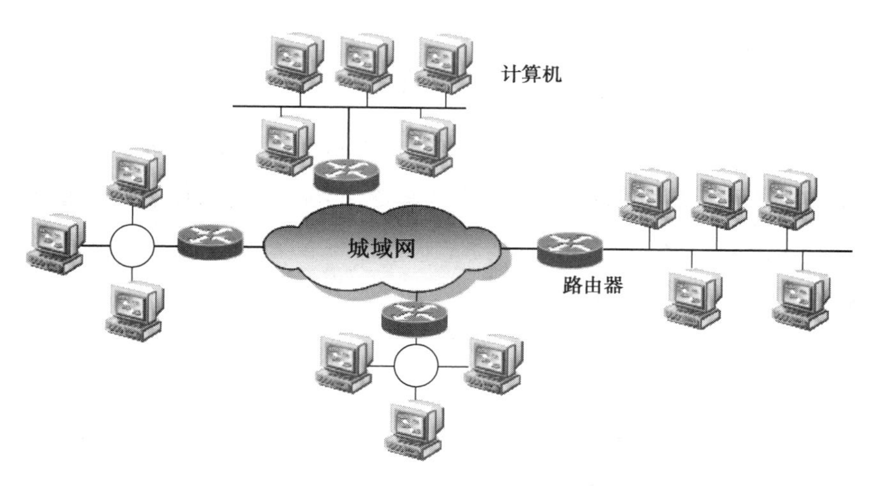

图 3-2-3　城域网连接示意图

广域网使用的主要技术为“存储—转发”技术。城域网与局域网之间的连接是通过接入网来实现的。接入网又称为本地接入网或居民接入网，它是近年来由于用户对高速上网需求的增加而出现的一种网络技术，是局域网与城域网之间的桥接区。图 3-2-4 所示为广域网、城域网和局域网之间的连接示意图。

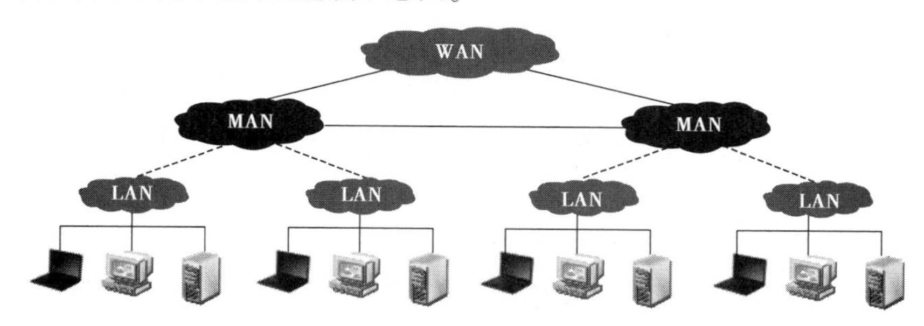

图 3-2-4　广域网、城域网和局域网之间的连接示意图

(2)按传播方式分类

按传播方式不同可将计算机网络分为广播网络和“点—点”网络两大类。

广播网络：网络中的计算机或者设备使用一个共享的通信介质进行数据传播，网络中的所有节点都能收到任一节点发出的数据信息。如在教学中常用的极域电子教室软件就是利用这一特性。

广播网络中的传输方式有 3 种：单播方式是采用一对一的发送形式将数据发送给一个目的节点；组播方式是采用一对一组的发送形式，将数据发送给网络中的某一组目的节点；广播方式是采用一对所有的发送形式，将数据发送给网络中所有目的节点。

“点—点”网络：“点—点”网络中两个节点之间的通信方式是点对点的。如果两台计算机之间没有直接连接的线路，那么它们之间的分组传输就要通过中间节点的接收、存储、转发，直至目的节点。“点—点”传播方式主要应用于 WAN 中，通常采用的拓扑结构有星型、环型、树型、网状型。

(3)按传输介质分类

按传输介质不同可将计算机网络分为有线网和无线网。

有线网(Wired Network):采用双绞线、同轴电缆、光纤连接的计算机网络。

双绞线:特点是比较经济、安装方便、传输速率和抗干扰能力一般,广泛应用于局域网中。

同轴电缆:俗称细缆,现在已逐渐被淘汰。

光纤:特点是传输距离长、传输效率高、抗干扰性强,是高安全性网络的理想选择。

无线网(Wireless Network):主要采用微波、载波、通信卫星信号作为介质来传输数据,主要有以下几种。

无线电话网:一种很有发展前途的连网方式。

语音广播网:价格低廉、使用方便,但安全性差。

无线电视网:普及率高,但无法在一个频道上和用户进行实时交互。

微波通信网:通信保密性和安全性较好。

卫星通信网:能进行远距离通信,但价格昂贵。

(4)按传输技术分类

计算机网络数据依靠各种通信技术进行传输,根据不同的网络传输技术,计算机网络可分为5种类型:普通电信网、数字数据网、虚拟专用网、微波扩频通信网、卫星通信网。

二、计算机网络的体系结构和参考模型

网络体系结构是为了完成计算机间的协同工作,把计算机间互联的功能划分成具有明确定义的层次。网络体系结构是网络各层及其协议的集合,所研究的是层次结构及其通信规则的约定。

1.网络层次的概念

计算机网络是将独立的计算机及其终端设备等实体通过通信线路连接起来的复杂系统。为了实现彼此间的通信,采用的基本方法是针对计算机网络所执行的各种功能,设计出一种网络系统结构层次模型,这个层次模型包括两个方面的内容。

①将网络功能分解为许多层次,在每个功能层次中,通信双方必须共同遵守许多约定和规程,以免混乱。

②层次之间逐层过渡,前一层做好进入下一层的准备工作。层次之间的逐层过渡可以用硬件来完成,也可以采用软件方式实现。

采用层次结构的目的是使各厂家在研制计算机网络系统时有一个共同遵守的标准。

2.网络分层结构

计算机之间相互通信涉及许多复杂的技术问题,而解决这些复杂问题的有效方法是

分层解决。为此,人们把网络通信的复杂过程抽象成一种层次结构模型,图 3-2-5 为计算机网络层次结构模型的工作示意图。

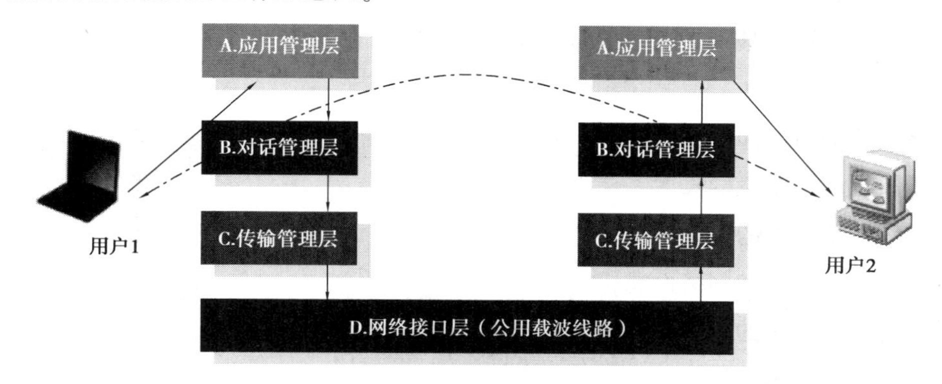

图 3-2-5　计算机网络层次结构模型的工作示意图

3.OSI 参考模型

OSI 参考模型将整个网络按照功能划分为 7 个层次,如图 3-2-6 所示。

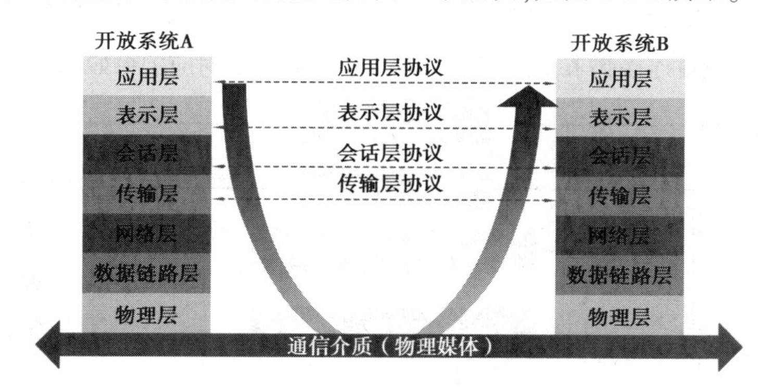

图 3-2-6　OSI 参考模型

4.TCP/IP 参考模型

TCP/IP 参考模型分为 4 层:应用层、传输层、互联层、网络接口层,OSI 结构与 TCP/IP 结构的对应关系如图 3-2-7 所示。

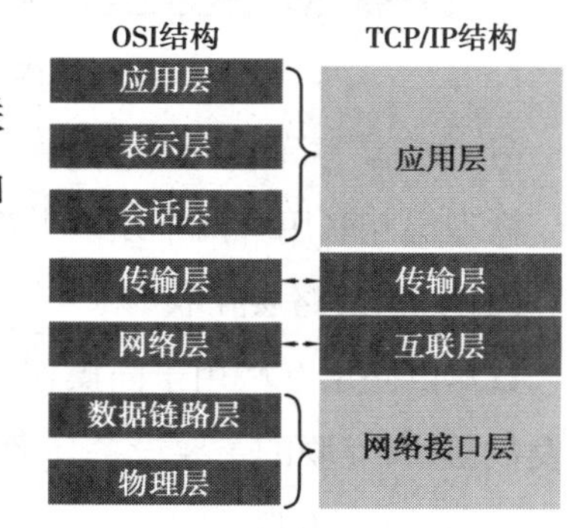

图 3-2-7　TCP/IP 结构与 OSI 结构的对应关系

三、计算机网络互联的基本概念

1.网络互联的内涵

(1)网络互连接(Interconnection)

“互连接”是指在物理网络之间必须存在一条以上的物理连接线路。“互连接”包括网络互连与互联,两者是有区别的,前者是网络的物理连接,后者主要是指逻辑上的连接。

(2)网络互通信(Intercommunication)

“互通信”是指在网络互连接的基础上,网络之间可以进行数据交换的手段。

(3)网络互操作(Interoperability)

“互操作”是指网络中计算机之间具有透明地访问对方资源的能力,而这种能力是建立在互连接和互通信基础之上,通过高层软件实现的。

2.网络互联的目的

网络互联的目的如下:

①延长局域网缆段的长度;

②扩大网络覆盖的地理范围;

③提高网络效率和网络性能;

④实现更大范围的资源共享和信息交流;

⑤消除各网络的差异。

3.网络互联的层次

网络互联不仅要把多个网络用物理线路连接起来,而且要使用户无法察觉不同网络之间的差异。各种网络协议的功能不同,并分属于不同的层次。网络互联主要是将不同网段、网络或子网通过网络互联设备连接起来,网络各互联层与相应设备的对应关系如图 3-2-8 所示。

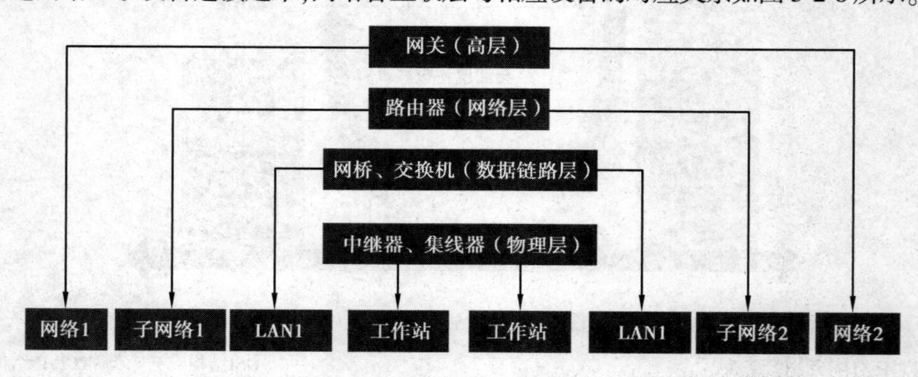

图 3-2-8 互联设备的层次关系

(1)物理层互联

物理层互联用于两个及以上工作站的互联,互联的主要设备是中继器或集线器。

(2)数据链路层互联

数据链路层互联用于同操作系统的局域网互联,所要解决的问题是在网络之间存储转发数据帧,互联的主要设备是网桥或交换机。

(3)网络层互联

网络层互联用于 LAN 与 LAN、LAN 与 WAN、WAN 与 WAN 之间的互联,所要解决的问题是在不同的网络之间存储转发分组,互联的主要设备是路由器。

(4)高层互联

高层互联用于 WAN 与 WAN 互联,所要解决的问题是对两个网络的应用层以下各层的网络协议进行转换,互联的主要设备是网关。

四、常用网络命令

1.ping 命令

ping 用于确定本地主机是否能与另一台主机交换(发送与接收)数据报。根据返回的信息,用户就可以推断 TCP/IP 参数是否设置正确以及运行是否正常。其命令格式通常有:ping 主机名;ping 域名;ping IP 地址。

一般情况下,用户可以通过使用一系列 ping 命令来查找问题或检验网络的运行情况,下面就给出一个典型的检测顺序及对应的可能故障。

(1)ping 127.0.0.1

确认本机 TCP/IP 协议运作是否正常。如果测试成功,表示网卡、TCP/IP 协议的安装、IP 地址、子网掩码的设置正常;如果测试不成功,表示 TCP/IP 的安装或设置存在问题。运行该命令后,界面如图 3-2-9 所示,表示测试成功。

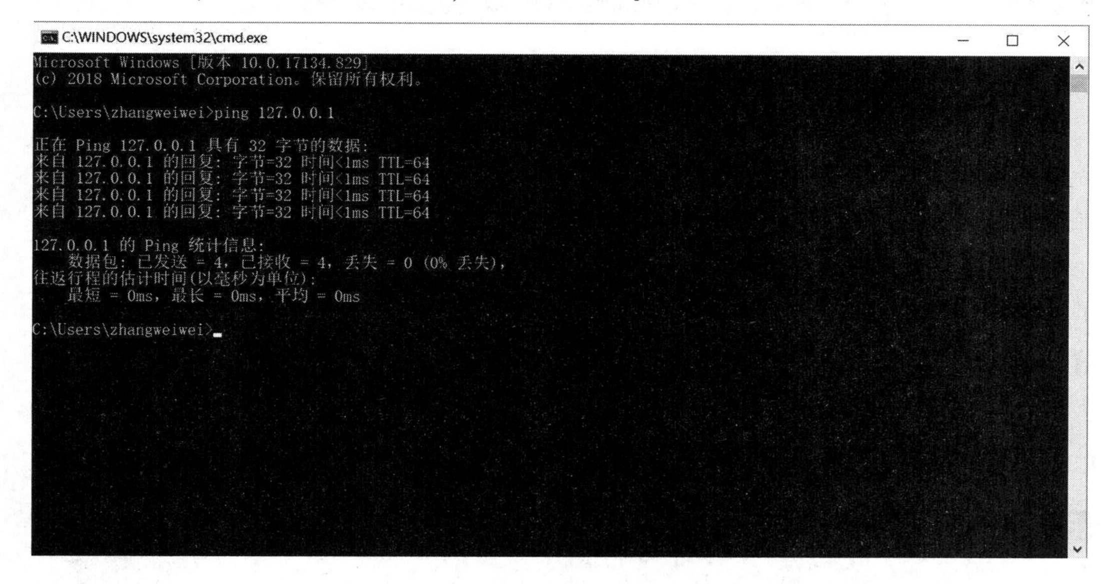

图 3-2-9　执行 ping 127.0.0.1 后的运行结果

(2)ping 本机 IP 地址

确认本机网络设备运作是否正常。如果测试不成功,则表示本地配置或安装存在问题,应当对网络设备和通信介质进行测试、检查。

(3)ping 局域网内其他 IP

如果测试成功,表明本地网络中的网卡和载体运行正常。但如果收到 0 个回送应答,那么表示子网掩码不正确或网卡配置错误或电缆有问题或有防火墙阻挡。

(4)ping 网关 IP

确认局域网运作是否正常。这个命令如果应答正确,表示局域网中的网关路由器正在运行并能够做出应答。例如,通过 ping 命令去确认网关路由器是否正常,结果如图 3-2-10所示,表示局域网中的网关路由器正在正常运行。

图 3-2-10　执行 ping 网关 IP 后的运行结果

2.ipconfig 命令

ipconfig 命令可用于显示当前 TCP/IP 配置的设置值。这些信息一般用来检验人工配置的 TCP/IP 是否正确。

如果计算机和所在的局域网使用了动态主机配置协议 DHCP,使用 ipconfig 命令可以了解计算机是否成功地租用到了一个 IP 地址。如果已经租用到,则可以了解详细的地址信息,包括 IP 地址、子网掩码和缺省网关等网络配置信息,下面给出最常用的选项。

ipconfig:当使用不带任何参数选项的 ipconfig 命令时,会显示每个已经配置了接口的 IP 地址、子网掩码和缺省网关值,如图 3-2-11 所示。

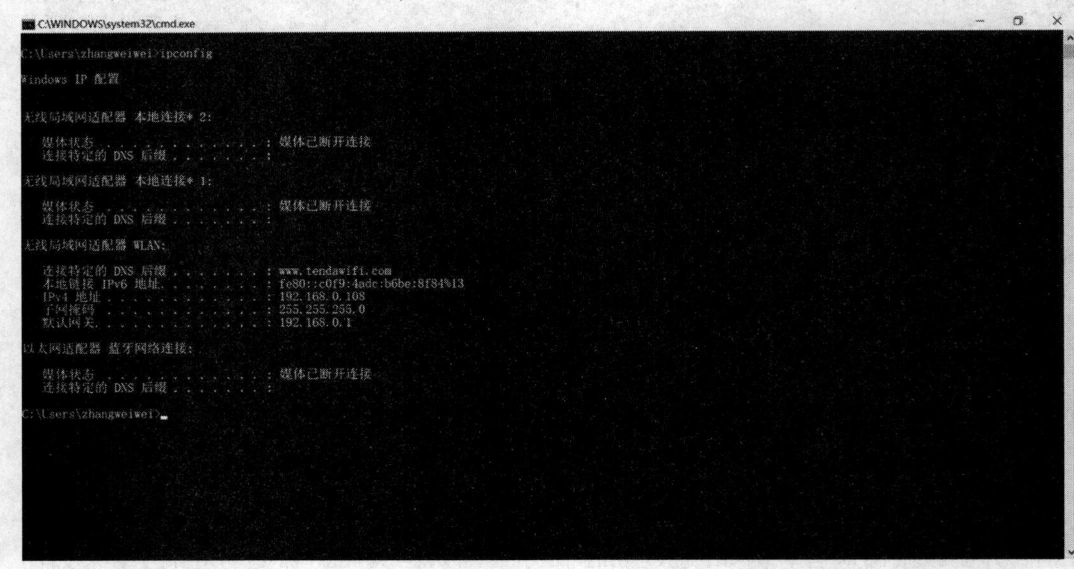

图 3-2-11　执行 ipconfig 命令后的运行结果

ipconfig/all:当使用 all 选项时,ipconfig 能显示 DNS 和 WINS 服务器已配置且所有使用的附加信息,并且能够显示内置于本地网卡中的物理地址(MAC)。如果 IP 地址是从 DHCP 服务器租用的,ipconfig 将显示 DHCP 服务器分配的 IP 地址和租用地址预计失效的日期,如图 3-2-12 所示。

```
C:\WINDOWS\system32\cmd.exe
Microsoft Windows [版本 10.0.17134.829]
(c) 2018 Microsoft Corporation。保留所有权利。

C:\Users\zhangweiwei>ipconfig/all

Windows IP 配置

   主机名  . . . . . . . . . . . . . : LAPTOP-007BUQ0F
   主 DNS 后缀 . . . . . . . . . . . :
   节点类型  . . . . . . . . . . . . : 混合
   IP 路由已启用 . . . . . . . . . . : 否
   WINS 代理已启用 . . . . . . . . . : 否
   DNS 后缀搜索列表  . . . . . . . . : www.tendawifi.com

无线局域网适配器 本地连接* 2:

   媒体状态  . . . . . . . . . . . . : 媒体已断开连接
   连接特定的 DNS 后缀 . . . . . . . :
   描述. . . . . . . . . . . . . . . : Microsoft Wi-Fi Direct Virtual Adapter
   物理地址. . . . . . . . . . . . . : 6A-00-E3-91-01-77
   DHCP 已启用 . . . . . . . . . . . : 是
   自动配置已启用. . . . . . . . . . : 是

无线局域网适配器 本地连接* 1:

   媒体状态  . . . . . . . . . . . . : 媒体已断开连接
   连接特定的 DNS 后缀 . . . . . . . :
   描述. . . . . . . . . . . . . . . : Microsoft Wi-Fi Direct Virtual Adapter #2
   物理地址. . . . . . . . . . . . . : 5A-00-E3-91-01-77
   DHCP 已启用 . . . . . . . . . . . : 是
   自动配置已启用. . . . . . . . . . : 是

无线局域网适配器 WLAN:

   连接特定的 DNS 后缀 . . . . . . . : www.tendawifi.com
   描述. . . . . . . . . . . . . . . : Qualcomm Atheros QCA61x4A Wireless Network Adapter
   物理地址. . . . . . . . . . . . . : 5A-00-D8-91-67-89
   DHCP 已启用 . . . . . . . . . . . : 是
   自动配置已启用. . . . . . . . . . : 是
   本地链接 IPv6 地址. . . . . . . . : fe80::c0f9:4adc:b6be:8f84%13(首选)
   IPv4 地址 . . . . . . . . . . . . : 192.168.0.108(首选)
```

图 3-2-12　执行 ipconfig/all 命令后的运行结果

▶ 知识拓展

一、计算机网络的发展

计算机网络从 20 世纪 60 年代开始发展至今,经历了从简单到复杂、从单机到多机、由终端与计算机之间的通信演变到计算机与计算机之间的直接通信,共经历了 4 个发展阶段。

第一阶段:远程联机阶段。为了共享主机资源及进行信息采集和综合处理,用一台计算机与多台用户终端相连,用户通过终端命令以交互方式使用计算机,人们把它称为远程联机系统。

第二阶段:多机互联阶段。此阶段网络应用的主要目的是提供网络通信,保障网络连通、网络数据共享和网络硬件设备共享。这个阶段的里程碑是美国国防部建立的 ARPAnet 网络。目前,人们通常认为它就是网络的起源,同时也是 Internet 的起源。

第三阶段:计算机解决了计算机连网与互联标准化的问题,提出了符合计算机网络国际标准的"开放式系统互联参考模型(OSI)",从而极大地促进了计算机网络技术的发展。此阶段网络应用已经发展到为企业提供信息共享服务的信息服务时代。具有代表性的系统是 1985 年美国国家科学基金会的 NSFnet。

第四阶段:计算机网络向互联、高速、智能化和全球化方向发展,并且迅速得到普及,实现了广泛应用。目前,全球以 Internet 为核心的高速计算机互联网络已经形成,Internet 已经成了人类最重要的、最大的知识宝库。网络互联和高速计算机网络就成为第四代计算机网络。

二、"互联网+"

"互联网+"是两化融合的升级版,将互联网作为当前信息化发展的核心特征提取出来,并与工业、商业、金融业等服务业全面融合。这其中的关键就是创新,只有创新才能让这个"+"真正有价值、有意义。正因如此,"互联网+"被认为是创新 2.0 下的互联网发展新形态、新业态,是知识社会创新 2.0 推动下的经济社会发展新形态的演进。

"互联网+"有六大特征:跨界融合、创新驱动、重塑结构、尊重人性、开放生态、连接一切。

无所不在的网络会同无所不在的计算、无所不在的数据、无所不在的知识,一起推进了无所不在的创新,以及推动数字向智能并进一步向智慧的演进,并推动了"互联网+"的演进与发展。人工智能技术的发展,包括深度学习神经网络,以及无人机、无人车、智能穿戴设备以及人工智能群体系统集群及延伸终端,将进一步推动人们现有生活方式、社会经济、产业模式、合作形态的颠覆性发展。

▶ 任务小结

物联网技术是依托互联网发展而派生的新兴技术,发展前景将超过计算机、互联网、移动通信等传统 IT 领域。作为信息产业发展的第三次革命,物联网涉及的领域越来越广,所以计算机网络是物联网应用的基础。如果没有计算机网络,就没有先进的网络传输技术,无法将物理设备融入网络实现随时随地监控和操纵。

因此,通过本任务的学习,学生应掌握基本的计算机网络知识,为后续进一步学习物联网打下坚实基础。

▶ 任务评价

评价内容	评价方式	评价等级	
		优秀	合格
计算机网络的定义	提问或作业	能完整清晰表述或书写	能表述
计算机网络的内涵	提问或作业	能完整清晰表述或书写	能表述
计算机网络的主要功能	提问或作业	能完整清晰表述或书写	能表述
计算机网络的分类	提问或作业	能完整清晰表述或书写	能表述
OSI 参考模型	提问或作业	能完整清晰表述或书写	能表述
TCP/IP 参考模型	提问或作业	能完整清晰表述或书写	能表述
ping、ipconfig 命令	提问或作业	能完整清晰表述或书写	能表述

▶ 任务检测

一、填空题

1.计算机网络的主要功能:____________、____________、____________、____________、____________。

2.计算机网络按照网络连接的地理范围不同，可分为________、________、________。

3.计算机网络按照传播方式不同，可分为________、________。

4.计算机网络按照传输介质不同，可分为________、________。

二、简答题

1.计算机网络的定义是什么？

2.OSI 参考模型是什么？TCP/IP 参考模型是什么？

3.ping 命令的常用用法有哪几种？

4.ipconfig 命令的常用用法有哪几种？

任务三　短距离无线通信技术

▶ 任务分析

在本任务中，主要对无线通信技术进行讲解，并且重点介绍短距离无线通信技术。通过本任务的学习，学生可以了解典型短距离无线通信技术的概念及技术特征，了解各种短距离无线通信技术的发展及应用，为后续进一步学习物联网技术奠定良好基础。

▶ 任务讲解

一、短距离无线通信技术的基本概念

近年来，各种无线通信技术迅猛发展，极大地提高了人们的工作效率和生活质量。然而，在日常生活中，我们仍然被各种电缆所束缚，能否在近距离范围内实现各种设备之间的无线通信，仍是大家十分关心的问题。

1.短距离无线通信的定义

短距离无线通信的范围很广，一般意义上，只要通信收发双方通过无线电波等无线介质传输信息，并且传输距离限制在较短的范围内，一般在几十米（居多）或数百米之内，就可以称为短距离无线通信。在短距离无线通信中，无线发射器的发射功率低，一般小于 100 mW；工作频率处于免付费、免申请的全球通用的工业、科学、医学频段。短距离无线通信自由地连接各种个人便携式电子设备、计算机外部设备和各种家用电器设备，实现信息共享和多业务的无线传输。

2.短距离无线通信的特征

短距离无线通信的 3 个重要特征和优势是低成本、低功耗和对等通信。

低成本是短距离无线通信的客观要求，因为各种通信终端的产销量都很大，需要提供终端间的直通能力，没有足够低的成本是很难推广的。

低功耗是相对其他无线通信技术而言的一个特点，这与其通信距离短这个特点密切相关。由于传播距离短,遇到障碍物的概率也小,因此发射功率普遍都很低,一般小于 100 mW,通常在 1 mW 量级。

对等通信是短距离无线通信的重要特征,有别于基于网络基础设施的无线通信技术。终端之间对等通信,无需网络设备进行中转,因此空中接口设计和高层协议都相对比较简单,无线资源的管理通常采用竞争的方式,如载波侦听。

二、典型短距离无线通信技术

无线网络应用广泛,而在需要低耗电、较少量数据传输的家电控制、物件辨识中,大多会采用短距离无线通信技术。在物联网中,比较常用的短距离无线通信技术有蓝牙、IrDA、ZigBee、Wi-Fi、NFC 等。

1.蓝牙技术

(1)蓝牙技术的定义

图 3-3-1　蓝牙技术标志图

蓝牙技术是一种低功耗、低成本、近距离范围的无线连接技术,其实质内容是能在固定设备或移动设备之间进行无线信息交换。通过蓝牙技术,可以有效地简化移动通信终端设备之间的通信,并能与因特网进行通信,从而使数据传输变得更高效,为无线通信拓宽道路。如图 3-3-1 所示为蓝牙技术的标志图。

蓝牙耳机、蓝牙鼠标、蓝牙音箱、蓝牙遥控器等都采用这一技术标准,在生活中为人们提供更为便利的操控体验,图 3-3-2 所示为部分蓝牙产品。

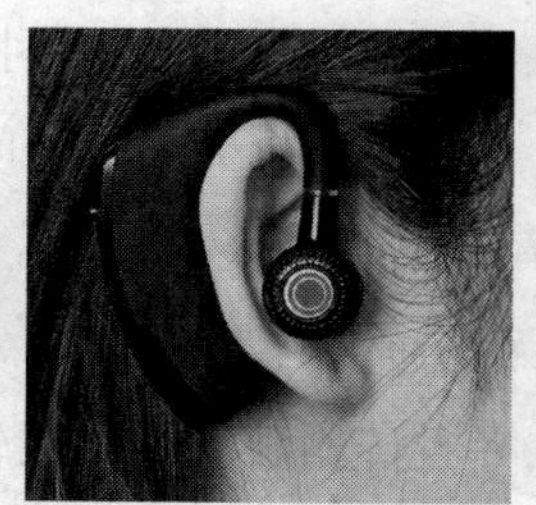

图 3-3-2　蓝牙产品图

(2)蓝牙技术的特点

从 1994 年至今,蓝牙技术一直在不断更新升级,从 1.0、2.0、3.0、4.0 到现在的 5.0,已经经历五代技术更新,有多个技术版本,在今天依然是无线通信技术领域中最为重要的技术标准之一。总的来说,蓝牙模块的技术越来越完善,体积越来越小,功耗越来越低,同时传输速率越来越快,传输距离越来越远,安全性、抗干扰性也越来越强。

蓝牙技术是一种无线数据与语音通信的开放性全球规范,其采用的无线技术标准协议是 IEEE 802.15,使用全世界通用的 2.4G ISM 频段,这个频段在世界范围内无须许可即可使用;同时还可以传输语音和数据,具有短距离、低功耗、低成本等特征,适用于个人操作空间。

但是,蓝牙技术实质上是一种没有完全成熟的技术,尽管被描述得前景诱人,但还有待于实际使用的严格检验。蓝牙的通信速率不是很高,并且传输距离受限,在当今这个数据爆炸的时代,可能也会对它的发展有所影响。

2.IrDA 技术

(1)IrDA 技术的定义

IrDA 是红外数据协会的简称,IrDA 制定了一系列红外数据通信标准,形成了红外数据通信技术的基础。红外通信技术是一种利用红外线进行点对点通信的技术,是第一个实现无线个人局域网(PAN)的技术。

目前它的软硬件技术都很成熟,在小型移动设备,如 PDA 上广泛使用。起初,采用 IrDA 标准的无线设备仅能在 1 m 范围内以 115.2 kbit/s 速率传输数据,很快发展到 4 Mbit/s以及 16 Mbit/s 的速率。图 3-3-3 所示为红外无线通信示意图。

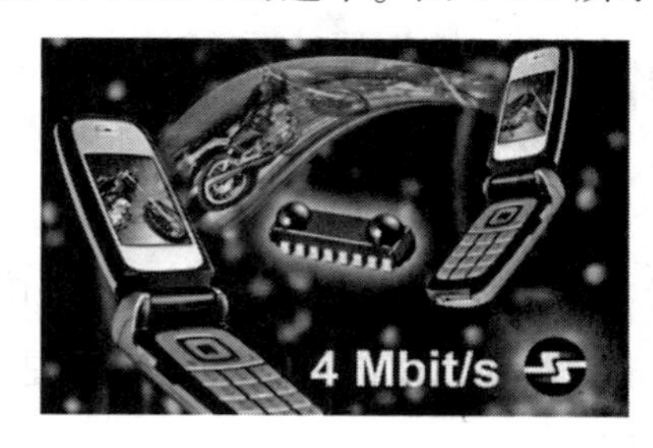

图 3-3-3　红外无线通信应用示意图

(2)IrDA 技术的特点

IrDA 的主要优点是无须申请频率的使用权,因而通信成本低,并且还具有移动通信所需的体积小、功耗低、连接方便、简单易用的特点。此外,红外线发射角度较小,传输的安全性高。

IrDA 的不足在于它是一种视距传输,两个相互通信的设备之间必须对准,中间不能被其他物体阻隔,因此该技术只能用于两台设备之间的连接。而蓝牙就没有此限制,且不受墙壁的阻隔。IrDA 目前的研究方向是如何解决视距问题及提高数据传输速率。

3.Wi-Fi 技术

(1)Wi-Fi 技术的定义

Wi-Fi 在中文里又称为“行动热点”,俗称无线宽带,是一个基于 IEEE 802.11 标准的无线局域网技术,可以将个人电脑、手持设备(如 PDA、手机)、打印机等终端以无线方式互相连接。它是一个无线网络通信技术的品牌,由 Wi-Fi 联盟(Wi-Fi Alliance)所持有,其目的是改善基于 IEEE 802.11 标准的无线网络产品之间的互通性,其标识如图 3-3-4 所示。

(2)Wi-Fi 技术的特点

Wi-Fi 的工作频率是 2.4 GHz,与蓝牙等许多不需频率使用许可证的无线通信技术共享同一频段。Wi-Fi 是一种短距离无线通信技术,是通过无线电波来连网的。最常见的应用是无线路由器,只要在这个无线路由器电波覆盖范围内,都可以采用 Wi-Fi 方式连接上网,并且无线电波的覆盖范围较广,半径甚至可达 100 m 左右,其通信示意图如图 3-3-5 所示。

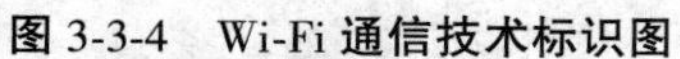

图 3-3-4　Wi-Fi 通信技术标识图

图 3-3-5　Wi-Fi 通信示意图

Wi-Fi 技术的传输质量不是很好,数据安全性比蓝牙差,但传输速率非常快,最高可以达到 11 Mbit/s,符合个人和社会信息化的需求。另外,Wi-Fi 还有一个优势是可以不受布线条件的限制,因此能满足移动办公用户的需求。

4.ZigBee 技术

(1)ZigBee 技术的定义

ZigBee 从字面意思上看像是一种蜜蜂,因为 ZigBee 由 Zig 和 Bee 组成,Zig 取自英文单词 ZigZag,意思是“之”字形;Bee 的英文意思是蜜蜂,所以 ZigBee 的意思像是跳着之字形舞蹈的蜜蜂。实际上,ZigBee 是基于蜜蜂间联系方式而研发的一项新型无线通信技术,它与蓝牙类似,也是一种短距离无线通信技术,适用于传输距离短、数据传输速率低的一系列电子元器件设备之间的通信。

(2)ZigBee 技术的特点

①低功耗。在低耗电待机模式下,两节 5 号干电池可支持 1 个节点工作 6~24 个月,甚至更长时间,这也是 ZigBee 的支持者所一直引以为傲的独特优势,是 ZigBee 的突出特点。

②低速率。ZigBee 的传输速率在 20~250 kbit/s,分别提供 250 kbit/s(2.4 GHz)、40 kbit/s(915 MHz)和 20 kbit/s(868 MHz)的原始数据吞吐率,满足低速率数据传输的应用需求。

③低成本。通过大幅度简化协议，降低了对通信控制器的要求，而且 ZigBee 免协议专利费，所以大大降低了成本。每块芯片的价格大约为 2 美元。

④近距离。ZigBee 节点的传输距离一般在 10～100 m，在增加射频发射功率后，可增加到 1～3 km。如果通过路由和节点间的接力，传输距离将会更远。

⑤短时延。相比之下，蓝牙的响应时间需要 3～10 s，Wi-Fi 需要 3 s，而 ZigBee 一般从睡眠状态转入工作状态只需要 15 ms，节点连接进入网络只需要 30 ms，进一步节省了电能。

⑥大容量。ZigBee 可采用星型、树型和网状型网络结构。这几种网络结构都是由一个主节点管理若干个节点，一个主节点最多可以管理 254 个子节点，也就是说每个 ZigBee 设备可以与另外 254 台设备连接；同时主节点还可以由上一层网络节点管理，最多可以组成包含 65 000 个节点的大网。

⑦高安全性。ZigBee 提供了 3 级安全模式，包括安全设定、使用访问控制清单（Access Control List，ACL）防止非法获取数据以及采用高级加密标准（AES 128）的对称密码，以灵活确定其安全属性。

⑧免执照频段。使用工业、科学、医疗（ISM）频段，如 915 MHz（美国）、868 MHz（欧洲）和 2.4 GHz（全球）。

（3）ZigBee 技术的组网原理

①ZigBee 网络的组成。

一个 ZigBee 网络由一个协调器、多个路由器和多个终端设备组成。

ZigBee 协调器（ZigBee Coordinator，ZC）：在无线传感网中可以作为汇聚节点，必须是全功能设备，并且一个 ZigBee 网络只有一个 ZigBee 协调器。ZigBee 协调器主要负责发起建立新的网络，设定网络参数，管理网络中的节点以及存储网络中的节点信息等，是整个网络中的主控节点，网络搭建好后也可以执行路由器的功能。ZigBee 协调器是 3 种 ZigBee 节点中最为复杂的一种，一般由交流电源持续供电。

ZigBee 路由器（ZigBee Router，ZR）：可参与路由发现、消息转发，通过连接其他节点来实现网络覆盖范围的扩展，也必须是全功能设备。

ZigBee 终端设备（ZigBee End-device，ZE）：可以是全功能设备，也可以是部分功能设备，它通过 ZigBee 路由器或者 ZigBee 协调器加入网络，但不允许其他任何节点通过它加入网络。其主要实现数据的采集传输，不能转发其他节点的消息。图 3-3-6 所示为两种不同功能的 ZigBee 电路板。

②ZigBee 网络的结构。

ZigBee 支持 3 种自组织无线网络结构，即星型、树型和网状型，如图 3-3-7 所示。

星型网络拓扑结构是最简单的一种拓扑形式，包含一个 ZigBee 协调器节点和一系列

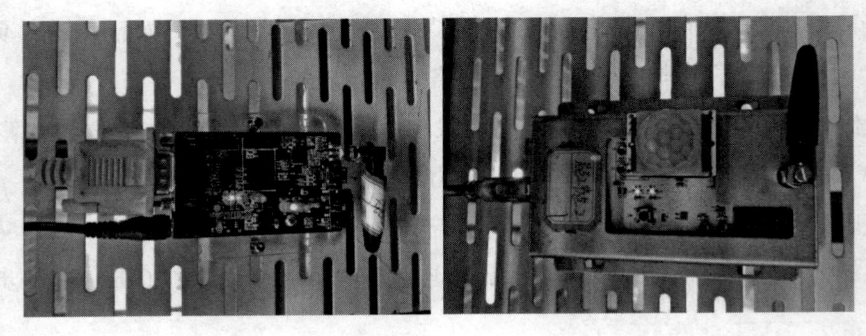

图 3-3-6　ZigBee 电路板

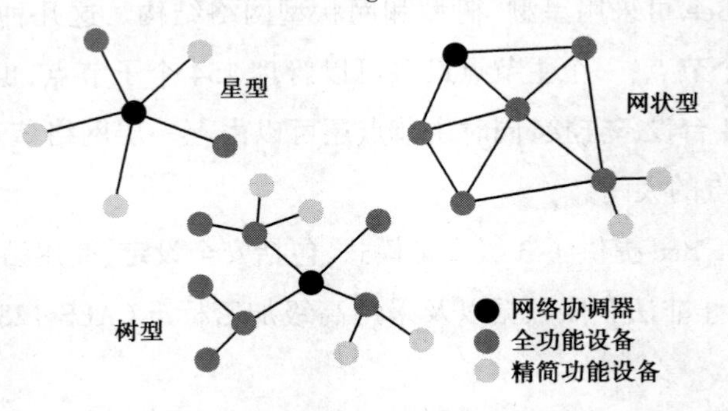

图 3-3-7　ZigBee 网络拓扑结构

ZigBee 终端节点。其数据和网络命令都是通过中心节点 ZigBee 协调器来传输的，因此每一个终端节点只能和协调器节点进行通信，如果要在两个终端节点间进行通信，则必须要通过协调器节点进行信息转发。这种网络拓扑结构的缺点是灵活性差，节点间数据路由只有唯一的路径，协调器有可能成为整个网络的瓶颈，容易造成网络阻塞、丢包、性能下降等情况。

树型网络拓扑结构包括一个协调器、一系列的路由器和终端节点。协调器可以连接一系列的路由器和终端节点，它的子节点路由器也可以连接一系列的路由器和终端节点，这样可以重复多个层级。需要注意的是，协调器和路由器可以有自己的子节点，但终端设备不能有自己的子节点。在树型网络拓扑结构中，每一个节点都只能和它的父节点和子节点进行通信，如果需要从一个节点向另一个节点发送数据，那么信息将沿着树的路径向上传递到最近的祖先节点然后再向下传递到目标节点。这种拓扑方式的缺点就是信息只有唯一的路由通道。

网状型网络拓扑结构包含一个协调器和一系列的路由器和终端节点。这种网络拓扑形式和树型拓扑相同。但是，网状型网络拓扑结构具有更加灵活的信息路由规则，在可能的情况下，路由节点之间可以直接通信。这种路由机制使信息的传输变得更有效率，而且这也意味着一旦一条路由路径出现了问题，信息可以自动沿着其他的路由路径进行传输。

由此可知，一个 ZigBee 网络只有一个协调器，可以有多个路由器和终端设备。协调器负责整个网络的搭建，同时也作为其他类型网络的通信节点（网关）。构成协调器和路由器的器件必须是全功能设备，而构成终端设备的器件可以是全功能设备也可以是部分功能设备。

5.典型短距离无线通信技术的比较

表 3-3-1 所示为蓝牙、ZigBee、Wi-Fi 3 种短距离无线通信技术在频率、传输速率及应用领域等方面的比较。

表 3-3-1　典型短距离无线通信技术的比较

通信技术	协议标准	频率、传输频率、距离等技术指标	应用领域	优点	缺点
蓝牙	IEEE 802.15.1, IEEE 802.15.1a	一般传输距离为 10 cm～10 m，采用 2.4 GHz ISM 频段，数据传输速率为1 Mbit/s	无线办公环境、汽车工业、信息家电、医疗设备以及学校教育和工厂自动控制	具有很强的移植性，应用范围广泛，应用了全球统一的频率设定	成本昂贵，安全性不高
ZigBee	IEEE 802.15.4	使用 2.4 GHz 频段，采用调频技术，基本传输速率是 250 kbit/s，当降低到 28 kbit/s 时，传输范围可扩大到 134 m	PC 外设、消费类电子设备、家庭内智能控制、玩具、医护、工业控制等非常广阔的领域	成本低、功耗小，网络容量大，频段灵活，保密性高，不需要申请频段	传输速率低，有效范围小
Wi-Fi	IEEE802.11b/a/g	工作频率为 2.4 GHz，传输速率为 11 Mbit/s，电波覆盖范围为 100 m	家庭无线网络以及不便安装电缆的建筑物或场所内	可大幅度减少企业的成本，传输速率非常快	设计复杂，设置烦琐

▶ 知识拓展

1.短距离无线通信技术——NFC

由飞利浦公司和索尼公司共同开发的 NFC 是一种非接触式识别和互联技术，可以在移动设备、消费类电子产品、PC 和智能控件工具间进行短距离无线通信。

NFC 是一种短距离高频无线电技术，在 13.56 MHz 频率运行，传输距离在 20 cm 内，其传输速率有 106 kbit/s、212 kbit/s 和 424 kbit/s 3 种。

2.短距离无线通信技术——Li-Fi

可见光无线通信又称“光保真技术”，英文名 Light Fidelity（简称 Li-Fi），是一种利用可见光波谱（如灯泡发出的光）进行数据传输的全新无线传输技术，由英国爱丁堡大学电子通信学院移动通信系主席、德国物理学家 HaraldHass（哈拉尔德·哈斯）教授发明。关于 Li-Fi 的相关知识可以扫描二维码进行了解。

Li-Fi 是什么

▶ 任务小结

在现代社会中，网络就如同水电一般，是现代人生活不可或缺的重要元素。随着技术进步，人们用来连网的设备不再只是手机、电脑，还包含家用电器、医疗仪器、手表、服装等各种设备,这也间接促使短距离无线通信技术的应用越来越广。从近年来的应用与发展来看,蓝牙、Wi-Fi 与 ZigBee 是目前最受到业界重视的 3 种技术。

观察这 3 种技术最新推出的技术标准,可以看到它们皆着眼于健康照护与智慧家庭应用等。ZigBee 因为布建成本低、支持节点数量多、耗电量低,成为物联网中最常被使用的短距离无线通信技术。

▶ 任务评价

评价内容	评价方式	评价等级	
		优秀	合格
短距离无线通信技术的定义及特征	提问或作业	能完整清晰表述或书写	能表述
典型短距离无线传输技术	提问或作业	能完整清晰表述或书写	能表述
课堂笔记是否美观、完整	随堂或作业	书写整齐且完整	有笔记

▶ 任务检测

一、填空题

1.短距离无线通信技术的特征:__________、__________和__________。

2.蓝牙技术的标准协议:____。

3.ZigBee 技术的特点:__________、__________、__________、__________、__________、__________和高安全性、免执照频段。

4.ZigBee 网络由 3 部分组成,分别是__________、__________和__________。

5.ZigBee 网络的 3 种网络拓扑结构为__________、__________和__________。

二、简答题

1.简述 ZigBee 3 种网络拓扑结构的优缺点。

2.简述 ZigBee 协调器的作用。

3.比较蓝牙、ZigBee、Wi-Fi 3 种短距离无线通信技术的各项指标。

项目四　物联网应用层

项目概述

应用层位于物联网3层结构中的最顶层，是物联网和用户（包括个人、组织或者其他系统）的接口，其核心功能围绕两个方面：一是“数据”，应用层需要完成数据的管理和数据的处理，即通过云计算平台进行信息处理；二是“应用”，仅仅管理和处理数据还远远不够，应用层与最低端的感知层一起，是物联网的核心所在，应用层可以对感知层采集的数据进行计算、处理和知识挖掘，从而实现对物理世界的实时控制、精确管理和科学决策，因此必须将这些数据与各行业的应用相结合。

从物联网3层结构的发展来看，网络层已经非常成熟，感知层的发展也非常迅速，而应用层的开发和推广都落后于其他两层。应用层可以为用户提供具体服务，是与人们最紧密相关的，因此其未来发展潜力巨大。

在本项目中，将对物联网应用层所用到的关键技术进行讲解，主要包括云计算技术、大数据技术以及物联网中间件。通过学习，学生应对物联网应用层中的关键技术有初步了解。

项目目标

知识目标：

- 了解云计算、大数据、中间件的概念、特点和作用；
- 理解云计算、大数据与物联网的关系；
- 理解物联网中间件的含义及实际应用意义。

能力目标：

- 能对物联网应用层涉及的关键技术进行简单应用。

素养目标：

- 培养学生养成自觉遵守信息道德规范和国家法律法规的意识；
- 培养学生初步树立科学的信息安全意识；
- 提高学生的交流合作能力和团队意识。

任务一　云计算技术

▶ 任务分析

云计算技术是物联网发展的基石，物联网感知识别设备生成的大量信息必须通过云计算进行有效的整合与利用。本任务介绍云计算技术的概念、云计算的服务和分类，以及云计算与物联网的关系，并通过对云计算技术应用案例的介绍，让学生对云计算技术有更深入的认识。

▶ 任务讲解

一、云计算介绍

1.云计算出现的背景

21 世纪初期，崛起的 Web2.0 让网络迎来了新的发展高峰。网站或者业务系统所需要处理的业务量快速增长，如视频在线播放网站或者照片共享网站需要为用户储存和处理大量的数据。随着移动终端的智能化、移动宽带网络的普及，将有越来越多的移动设备进入互联网，这意味着与移动终端相关的 IT 系统会承受更多的负载，而对于提供数据服务的企业来讲，IT 系统需要处理更多的业务量。

由于资源的有限性，电力成本、空间成本、各种设施的维护成本快速上升，直接导致数据中心的成本上升，人们希望有效利用更少的资源解决更多的问题。

同时，随着高速网络连接的衍生，芯片和磁盘驱动器产品在功能增强的同时，价格也在变得更加低廉，出现了拥有大量计算机的数据中心，也具备了快速为大量用户处理复杂问题的能力。技术上，分布式计算的日益成熟和应用，特别是网格计算的发展通过 Internet 把分散在各处的硬件、软件、信息资源连接成为一个巨大的整体，使人们能够利用地理上分散的资源，完成大规模的、需要复杂计算和数据处理的任务。

数据存储的快速增长产生了以 GFS(Google File System)、SAN(Storage Area Nemork)为代表的高性能存储技术。服务器整合需求的不断升温，推动了 Xen 等虚拟化技术的进步，还有 Web2.0 的实现、Saas(Software as a Service)观念的快速普及、多核技术的广泛应用等，所有这些技术为产生更强大的计算能力和服务提供了可能。

随着对计算能力、资源利用效率、资源集中化的迫切需求，云计算应运而生。

2.云计算的定义

云计算(Cloud Computing)是分布式计算技术的一种，是通过网络将庞大的计算处理程序自动分拆成无数个较小的子程序，再交由多部服务器所组成的庞大系统经搜寻、计算分析之后将处理结果回传给用户。通过这项技术，网络服务提供者可以在数秒之内，处理数以千万计甚至亿计的信息，完成和“超级计算机”同样强大效能的网络服务。

最简单的云计算技术在网络服务中已经随处可见，如搜寻引擎、网络信箱等，使用者只要输入简单指令即能得到大量信息。未来的手机、GPS 等移动装置都可以通过云计算

技术,发展出更多的应用服务。未来的云计算不仅只完成资料搜寻、分析等,其他如分析DNA结构、基因图谱定序、解析癌症细胞等,都可以通过这项技术轻易达成。

3.云计算的特点

云计算描述了一种基于互联网的新的IT服务、使用和交付模式。它意味着计算能力也可作为一种商品通过互联网进行流通,就像煤气、水电一样,取用方便,费用低廉。如图4-1-1所示,云计算具有如下特点。

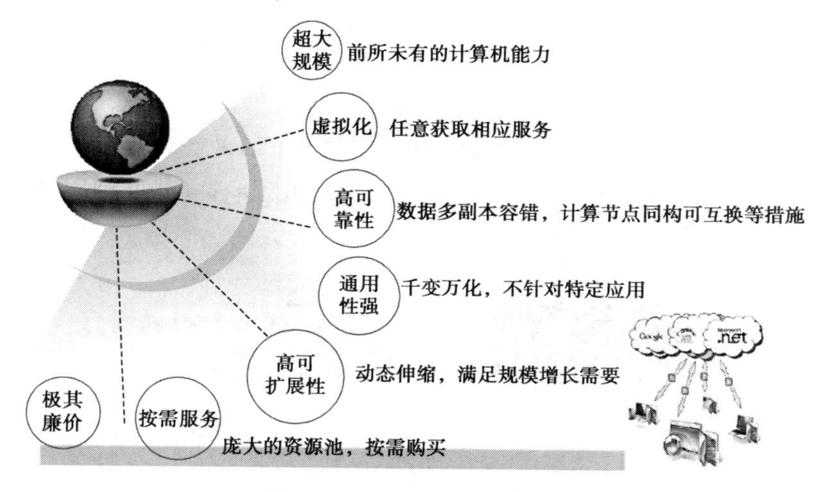

图4-1-1　云计算的主要特点

①超大规模。“云”具有相当的规模,Google云计算已经拥有100多万台服务器,Amazon、IBM、微软等的“云”均拥有几十万台服务器。企业私有云一般拥有数百上千台服务器。“云”能赋予用户前所未有的计算能力。

②虚拟化。云计算支持用户在任意位置、使用各种终端获取应用服务。所请求的资源来自“云”,而不是固定的有形实体。应用在“云”中某处运行,但实际上用户无须了解,也不用担心应用运行的具体位置。只需要一台笔记本电脑或者一个手机,就可以通过网络服务来实现用户的需要。

③高可靠性。“云”使用了数据多副本容错、计算节点同构可互换等措施来保障服务的高可靠性,使用云计算比使用本地计算机更可靠。

④通用性强。云计算不针对特定的应用,在“云”的支撑下可以构造出千变万化的应用,同一个“云”可以同时支撑不同的应用运行。

⑤高可扩展性。“云”的规模可以动态伸缩,满足应用和用户规模增长的需要。

⑥按需服务。云计算采用按需服务模式,用户可以根据需求自行购买,降低用户投入费用,并获得更好的服务支持。

⑦极其廉价。由于“云”的特殊容错措施可以采用极其廉价的节点来构成云,“云”的自动化集中式管理使大量企业无须负担日益高昂的数据中心管理成本,因此用户可以充分享受“云”的低成本优势。

二、云计算服务

1.云计算服务的定义

云计算服务是指将大量用网络连接的计算资源统一管理和调度，构成一个计算资源池对用户提供按需服务。用户通过网络以按需、易扩展的方式获得所需资源和服务。云计算服务的架构图如图 4-1-2 所示。

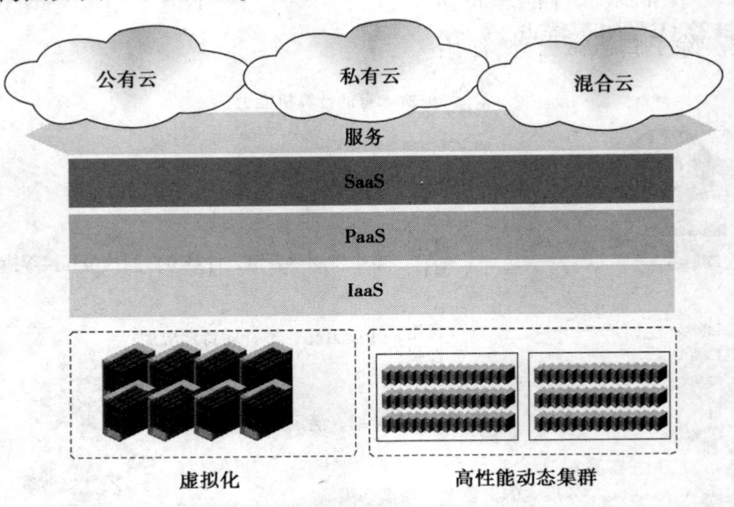

图 4-1-2　云计算服务的架构图

(1)基础设施作为服务(Infrastructure as a Service,IaaS)

IaaS、PaaS、SaaS 的区别

IaaS 位于云计算 3 层服务的最底端，把 IT 基础设施像水、电一样以服务的形式提供给用户，以服务形式提供基于服务器和存储等硬件资源的可高度扩展和按需变化的 IT 能力。以计算能力的提供为例，其提供的基本单元就是服务器，包含 CPU、内存、存储器、操作系统及一些软件。下面以云主机和云存储为例说明云计算提供的基础设施。

• 云主机体验——百迅龙 E2C

百迅龙 E2Cloud 企业云是一个开放的企业云计算平台解决方案，能够帮助企业构建一个完整的企业私有云计算平台。E2Cloud 支持所有业界主流虚拟化基础设施，包括 VMware vSphere、Citrix Xenserver 和 Microsoft Hyper-V 等，能够帮助企业在“桌面云”“测试云”“教育云”“计算云”等多个企业应用场景中迅速实现企业云计算，为企业提供从 PC 桌面环境、项目环境到其他企业应用支撑所需基础设施的自动化管理和交付，实现“IT 即服务，IT as a Service”。百迅龙 E2Cloud 云计算平台如图 4-1-3 所示。

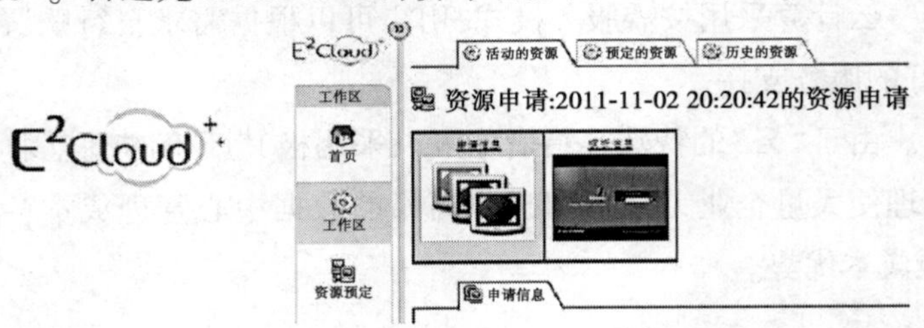

图 4-1-3　百迅龙 E2Cloud 云计算平台

● 云存储体验——腾讯微云

在快捷化的社会，很多资料都需要实时使用，而每次出门都要携带硬盘或 U 盘，实在是太过麻烦，并且还容易丢失。在这种情况下，云盘这样的网络云服务器就诞生了。

腾讯微云是腾讯推出的一款网盘服务软件，如图 4-1-4 所示。例如，腾讯微云可以将用户手机中的照片、联系人等信息备份到微云客户端中，不但节省了手机的存储空间，还可以防止丢失。除了腾讯微云外，使用人数较多的云存储还有百度网盘，其功能和腾讯微云类似。

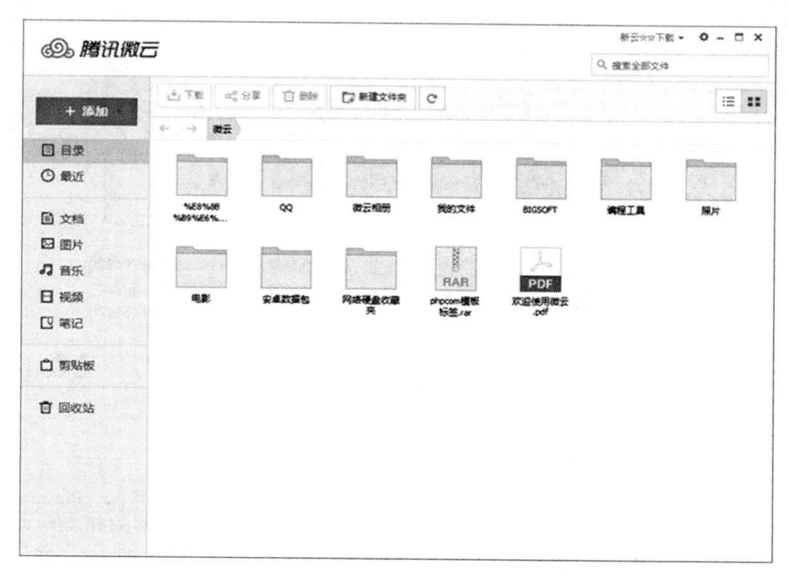

图 4-1-4　腾讯微云应用界面

(2)平台作为服务(Platform as a Service,PaaS)

PaaS 位于云计算 3 层服务的中间，通常也称为“云计算操作系统”。它提供给终端用户基于互联网的应用开发环境，包括应用编程接口和运行平台等，并且支持应用从创建到运行整个生命周期所需的各种软硬件资源和工具。通常按照用户或登录情况计费。在 PaaS 层面，服务提供商提供的是经过封装的 IT 能力，或者说是一些逻辑的资源，如数据库、文件系统和应用运行环境等。

(3)软件作为服务(Software as a Service,SaaS)

SaaS 是最常见的云计算服务，位于云计算 3 层服务的顶端。用户通过标准的 Web 浏览器来使用 Internet 上的软件。服务供应商负责维护和管理软硬件设施，并以免费(提供商可以从网络广告之类的项目中获得收入)或按需租用方式向最终用户提供服务。这类服务既有面向普通用户的，如 Google Calendar 和 Gmail，也有直接面向企业团体的，用以帮助处理工资单流程、人力资源管理、客户关系管理和业务合作伙伴关系管理等。SaaS 提供的应用程序减少了客户安装和维护软件的时间和人力等，并且可以通过按使用情况付费的方式来减少软件许可证费用的支出。图 4-1-5 所示为易锐特企业应用集成平台。

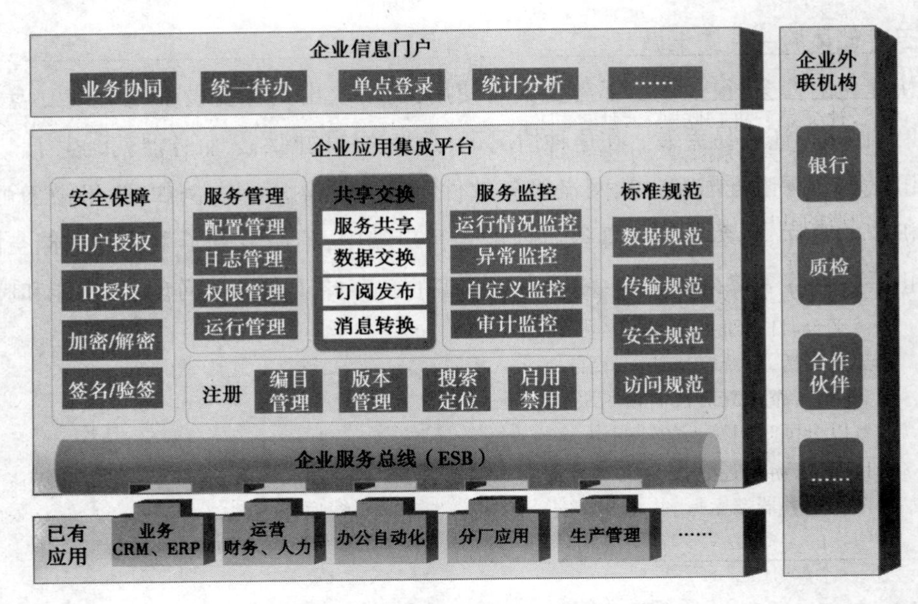

图 4-1-5　易锐特企业应用集成平台

2.云计算产品

现在已经有了很多云计算产品,如云物联、云安全、云游戏等,具体见表 4-1-1。

表 4-1-1　云计算应用

应　用	说　明
云物联	随着物联网业务量的增加,对“云计算”提出了新的要求:在物联网的初级阶段,PoP 即可满足需求;在物联网的高级阶段,需要虚拟化云计算技术、SOA 等技术的结合实现互联网的泛在服务
云存储	云存储是一个以数据存储和管理为核心的云计算系统。当云计算系统运算和处理的核心是大量数据的存储和管理时,云计算系统就需要配置大量的存储设备。云存储是指通过网格技术、集群应用或分布式文件系统等功能,将网络中大量各种不同类型的存储设备通过应用软件集合起来协同工作,共同对外提供数据存储和业务访问功能的一个系统
云安全	云安全策略构想:使用者越多,每个使用者就越安全。因为如此庞大的用户群,足以覆盖互联网的每个角落,只要某个网站被挂马或某个新木马病毒出现,就会立刻被截获。云安全通过网状的大量客户端对网络中软件的异常行为进行监测,获取互联网中恶意程序、木马等的最新信息,并将其推送到 Server 端进行自动分析处理,再把病毒和木马的解决方案分发到每一个客户端
云教育	云教育是视频云计算应用在教育行业的实例。流媒体平台采用分布式架构部署,分为数据库服务器、Web 服务器、直播服务器和流服务器。如有必要可在信息中心架设采集工作站搭建网络电视或实况直播应用,在各个学校已经部署录播系统或直播系统的教室配置流媒体功能组件。这样直播内容可以实时传送到流媒体平台管理中心的全局直播服务器上。同时直播的学校也可以将内容上传存储到信息中心的流存储服务器上,方便今后的检索、点播、评估等各种应用
云会议	云会议是基于云计算技术的一种高效、便捷、低成本的会议形式。使用者只需要通过互联网界面,进行简单易用的操作,便可快速高效地与全球各地团队及客户同步分享语音、数据文件及视频。会议中数据的传输、处理等复杂技术由云会议服务商帮助使用者解决

续表

应　用	说　明
云社交	云社交是一种物联网、云计算和移动互联网交互应用的虚拟社交应用模式，以建立著名的“资源分享关系图谱”为目的，进而开展网络社交。云社交的主要特征，就是把大量的社会资源统一整合和评测，构成一个资源有效池向用户按需提供服务。参与分享的用户越多，创造的利用价值就越大
云呼叫	云呼叫中心是基于云计算技术而搭建的呼叫中心系统。企业无须购买任何软硬件系统，只需具备人员、场地等基本条件，就可以快速拥有属于自己的呼叫中心，其中通信资源、软硬件平台、日常维护与服务由服务器商提供。云呼叫中心具有建设周期短、投入少、风险低、部署灵活、系统容量伸缩性强、运营维护成本低等众多特点。无论是电话营销中心、客户服务中心，企业只需按需租用服务，便可建立一套功能全面、稳定、可靠、座席分布全国各地，可以全国呼叫接入的呼叫中心系统
云游戏	目前，云游戏还并没有成为家用机和掌机界的联网模式。在云游戏运行模式下，所有游戏都在服务器端运行，并将渲染完毕后的游戏画面压缩后通过网络传送给用户。在客户端，用户的游戏设备不需要任何高端处理器和显卡，只需具备基本的视频解压能力就能运行

三、云计算分类

云计算分为公有云、私有云及混合云 3 种。公有云被认为是云计算的主要形态，在国内发展极其迅速；但私有云比公有云的安全性更高已经成为大众的共识，所以私有云如今也发展得如火如荼。

1.公有云

公有云通常指第三方提供商为用户提供的能够使用的云，一般可通过 Internet 免费或低成本使用。

公有云能够以低廉的价格，提供有吸引力的服务给最终用户，创造新的业务价值。公有云作为一个支撑平台，还能够整合上游的服务提供者和下游最终用户，打造新的价值链和生态系统。公有云已经有许多应用实例，根据市场参与者的类型，公有云可分为以下几类。

- 互联网巨头打造的公有云平台，如腾讯云、阿里云、百度云、盛大云等。图 4-1-6 所示为号称“为中小企业创新提供 IT 管家式服务”的盛大云互联网服务平台。

图 4-1-6　盛大云互联网服务平台

- 传统电信基础设施运营商(包括中国移动、中国联通和中国电信)建立的云平台。
- 政府主导下的地方云计算平台,如各地如火如荼建设的各种“××云”项目。
- 部分原 IDC 运营商,如世纪互联。
- 具有国外技术背景或引进国外云计算技术的国内企业,如风起亚洲云。

2.私有云

私有云是将云基础设施与软硬件资源创建在防火墙内,以供机构或企业各部门共享数据中心内的资源。它是为一个客户单独使用而构建的,因而提供对数据、安全性和服务质量的最有效控制。

图 4-1-7　企业私有云

私有云具有高度的数据安全性和服务质量,而且它能充分利用现有硬件资源和软件资源,同时又不影响现有 IT 管理的流程。图 4-1-7 所示为一个简单的企业私有云示意图。

创建私有云,除了硬件资源外,一般还应有云设备软件。私有云既可以部署在企业数据中心的防火墙内,也可以将其部署在一个安全的主机托管场所。

私有云可由公司自己的 IT 机构构建,也可由云提供商进行构建。像 IBM 这样的云计算提供商可以提供私有云安装、配置和运营,以支持一个企业数据中心内的专用云。此模式赋予公司对于云资源有极高水平的控制能力,同时带来建立并运作该环境所需的专门知识。

3.混合云

混合云融合了公有云和私有云,是近年来云计算的主要模式和发展方向。我们已经知道私有云主要是面向企业用户,出于安全考虑,企业更愿意将数据存放在私有云中,但是同时又希望可以获得公有云的计算资源,在这种情况下混合云被越来越多地采用。混合云将公有云和私有云进行混合和匹配,以获得最佳的效果,这种个性化的解决方案,达到了既省钱又安全的目的。

四、云计算与物联网

云计算和物联网是当今 IT 业界的两大焦点,它们虽然有很大的区别,但也有着千丝万缕的联系。

1.云计算与物联网的关系

云计算是物联网发展的基石,并且从两个方面促进物联网的实现。

①云计算是实现物联网的核心,运用云计算模式对物联网中各类物品以兆计算的数据进行实时动态管理和智能分析变得可能。

建设物联网的三大基石包括:传感器等电子元器件;传输的通道,如电信网;高效的、动态的、可以大规模扩展的技术资源处理能力。其中“高效的、动态的、可以大规模扩展的技术资源处理能力”，正是通过云计算模式帮助实现的。

②云计算促进物联网和互联网的智能融合，从而构建智慧地球。物联网和互联网的融合，要实现更高层次的整合，需要“更透彻的感知，更安全的互联互通，更深入的智能化”。这同样也需要依靠高效的、动态的、可以大规模扩展的技术资源处理能力，而这正是云计算模式所擅长的。

物联网的四大组成部分：感应识别、网络传输、管理服务和综合应用，其中间两个部分就会利用到云计算，特别是“管理服务”这一项。因为物联网中有海量的数据存储和计算的需求，使用云计算可能是最省钱的一种方式。

2.云计算与物联网的结合

云计算与物联网各自具备很多优势，如果把云计算与物联网结合起来可以看出，云计算其实就相当于一个人的大脑，而物联网就是其眼睛、鼻子、耳朵和四肢等，云计算与物联网的结合方式可以分为以下几种。

(1)单中心、多终端

在此类模式中，分布范围较小的各物联网终端(传感器、摄像头或智能手机等)，把云中心或部分云中心作为数据处理中心，终端所获得信息、数据统一由云中心处理及存储，云中心提供统一界面给使用者操作或者查看。

(2)多中心、大量终端

对于很多区域跨度较大的企业、单位而言，多中心、大量终端的模式较适合。例如，一个跨多地区或者多国家的企业，因其分公司或分厂较多，要对其各公司或工厂的生产流程进行监控、对相关的产品进行质量跟踪等。

(3)信息、应用分层处理，海量终端

这种模式可以针对用户范围广、信息及数据种类多、安全性要求高等特征来专门打造。当前，客户对各种海量数据的处理需求越来越多，针对此情况，可以根据客户需求及云中心的分布进行合理的分配。

对需要大量数据传送，但是安全性要求不高的，如视频数据、游戏数据等，可以采取本地云中心处理或存储。对于计算要求高，数据量不大的信息，可以放在专门负责高端运算的云中心里。而对于数据安全要求非常高的信息和数据，可以放在具有灾备中心的云中心里。此模式是具体根据应用模式和场景，对各种信息、数据进行分类处理，然后选择相关的途径传给相应的终端。

云计算与物联网的结合是互联网络发展的必然趋势，它将引导互联网和通信产业的发展，并将在3~5年内形成一定的产业规模，相信越来越多的公司、厂家会对此进行关注。

五、云计算应用案例

物联网时代的今天，在技术和需求的双重推动下，会有越来越多的政府机构、企业和个人意识到数据是巨大的经济资产，并将云计算和大数据投入到生产及其产品中，它们会为企业带来全新的创业方向、商业模式和投资机会。下面以上海“健康云”来介绍云计算和大数据在建设智能化社会中的实际应用。

上海“健康云”对外以健康云居民端 App、健康云医生端 App 为应用终端，是连接医生和居民的服务应用。其居民端 App 界面如图 4-1-8 所示，可以实现家庭医生自主选、健康教育精准达、体征指标智能测、健康档案随时阅、预约分诊医生帮、免疫接种线上约、购买药品专人送、亲情账户亲人管等线上与线下融合的服务。

图 4-1-8　上海“健康云”云平台

在医院，护士人手一部“手机仪器”，扫描一下病人的腕带，通过与手机相连的测试设备，便可以将测量到的体征参数输入到医院系统中，完成查房；医生开药时，不再需要手写处方单或是电脑输入，直接拿起“手机仪器”输入，药单就进入取药系统；到药房拿药时，所有药物被带走前经过“手机仪器”扫描，信息传输到药房，库存数字会自动减少，一旦库存低于“警戒线”，系统将马上通知医药公司补药。这些就是上海“健康云”在医生端的一些应用场景。

上海“健康云”是基于上海健康信息网建成的面向市民、家庭医生、临床医生和公共卫生业务管理人员等的新型医防融合健康管理服务平台。健康云提供的基础设施让医院、诊所、保险公司和研究机构可以以较低的成本，使用经过优化的计算资源。此外，健康云环境有望降低对医疗信息技术系统和应用进行创新和现代化的门槛，还可以更有效地分析和跟踪健康云里面包含的信息（借助合适的信息治理机制），从而分析关于治疗、成本、医生水平和效果调查的数据，并采取相应的措施。通过健康云，可以共享获得授权的医生和医院之间的病人信息，以便更及时地挽救生命，并减少重复检验的必要。

▶ 任务小结

云计算为众多用户提供了一种新的高效率计算模式，兼有互联网服务的便利、廉价和大型机的能力。它通过分布式计算和虚拟化技术建设数据中心或超级计算机，以租赁或免费方式向技术开发者或企业客户提供数据存储、分析以及科学计算等服务。将资源集中于互联网上的数据中心，由这种云中心提供应用层、平台层和基础设施层的集中服务，以解决传统 IT 系统零散带来的低效率问题。云计算是信息化发展进程中的一个阶段，强调信息资源的聚集、优化、动态分配和回收，旨在节约信息化成本、降低能耗、减轻用户信息化的负担，提高数据中心的效率。

通过本任务的学习，让学生更深刻地认识到云计算在建设智能化社会中起着至关重要的作用。

▶ 任务评价

评价内容	评价方式	评价等级	
		优秀	合格
云计算的概念	提问或作业	能完整清晰表述或书写	能表述
云计算的特点	提问或作业	能完整清晰表述或书写	能表述
云计算服务的架构	提问或作业	能完整清晰表述或书写	能表述
云计算的分类	提问或作业	能完整清晰表述或书写	能表述
云计算与物联网的关系	提问或作业	能完整清晰表述或书写	能表述
云计算的应用	提问或作业	能举出多个实例	能举例
课堂笔记是否美观、完整	随堂或作业	书写整齐且完整	有笔记

▶ 任务检测

一、填空题

1.云计算是__________计算技术的一种，其最基本的概念，是通过__________将庞大的计算处理程序自动分拆成无数个较小的子程序，再交由多部__________所组成的庞大系统经搜寻、计算分析之后将处理结果回传给用户。

2.云计算服务是指将大量用网络连接的__________统一管理和调度，构成一个______________为用户提供按需服务。用户通过网络以按需、易扩展的方式获得所需资源和服务。

3.云计算包括__________、__________和混和云 3 种。

4.__________被认为是云计算的主要形态，在国内发展极其迅速，但__________比__________的安全性更高已经成为大众的共识。

5.私有云是将云基础设施与软硬件资源创建在__________内，以供机构或企业各部门共享数据中心内的__________。

二、简答题

1.简述云计算的特点。

2.简述云计算与物联网的关系。

任务二　大数据技术

▶ 任务分析

云计算、物联网、大数据,这三大巨头是当下最热门的信息技术,社会发展的脚步已经离不开它们。在本任务中,我们将了解什么是大数据,大数据的特征和构成,以及大数据与物联网的关系。通过本任务的学习,将有助于学生进一步理解大数据的概念以及大数据与物联网的关系。

▶ 任务讲解

一、大数据概述

1.大数据的背景

大数据不是完全的新生事物,Google 的搜索服务就是一个典型的大数据运用。根据客户的需求,Google 实时从全球海量的数字资产(或数字垃圾)中快速找出最可能的答案,呈现给客户,就是一个最典型的大数据服务。只不过过去这样规模的数据量处理和有商业价值的应用太少,在 IT 行业没有形成成熟的概念。随着物联网、社交网络、云计算等技术不断融入人们的生活以及现有的计算能力、存储空间、网络带宽的高速发展,在互联网、通信、金融、商业、医疗等诸多领域的数据不断地增长和累积,随着累积的数据量越来越大,越来越多的企业、行业和国家机构,利用类似的技术更好地服务客户、发现新的商业机会、扩大新市场以及提升效率,才逐步形成大数据这个概念。

大数据的应用是非常有实用价值的,这里有一个有趣的故事是关于奢侈品营销的。在纽约的 PRADA 旗舰店中,每件衣服上都有 RFID 码。每当一个顾客拿起一件衣服进入试衣间,衣服上的 RFID 会被自动识别,同时,数据会传至 PRADA 总部。每一件衣服在哪个城市哪个旗舰店什么时间被拿进试衣间停留多长时间,数据都被存储起来加以分析。如果有一件衣服销量很低,以往的做法是直接下架。但如果 RFID 传回的数据显示这件衣服虽然销量低,但进试衣间的次数多,那就能另外说明一些问题。也许对这件衣服的处理就会截然不同,也许对其在某个细节的微小改变就会重新创造出一件非常流行的产品。

2.大数据的定义

科普中国网关于大数据的定义:大数据(Big Data),IT 行业术语,是指无法在一定时间范围内用常规软件工具进行捕捉、管理和处理的数据集合,是需要新处理模式才能具有更强的决策力、洞察发现力和流程优化能力的海量、高增长率和多样化的信息资产。

麦肯锡全球研究所给出的定义:一种规模大到在获取、存储、管理、分析方面大大超出了传统数据库软件工具能力范围的数据集合,具有海量的数据规模、快速的数据流转、多样的数据类型和价值密度低四大特征。

大数据的意义不在于掌握庞大的数据信息,而在于对这些庞大的数据信息进行专业化的处理,以获取有价值的数据信息。换句话说,如果把大数据比作一种产业,那么实现产业盈利的关键是提高对数据的"加工能力",通过"加工"实现数据的"增值"。从技术上看,大数据与云计算的关系就像一枚硬币的正反面一样密不可分。大数据无法用单台的计算机进行处理,必须采用分布式架构。它的特色在于对海量数据进行分布式数据挖掘。大数据必须依托云计算的分布式处理、分布式数据库和云存储、虚拟化技术。

3.大数据的特征

业界通常用 4 个 V(Volume、Variety、Value、Velocity)来概括大数据的特征。

Volume(大量):数据量大,已经从 TB 级别,跃升到 PB 级别(1 PB = 1 024 TB = 1 048 576 GB),起始计量单位至少是 PB(1 000 个 TB)、EB(100 万个 TB)或 ZB(10 亿个 TB)。目前,大数据的规模尚是一个不断变化的指标,单一数据集的规模范围从几十 TB 到数 PB 不等。简而言之,存储 1 PB 数据将需要两万台配备 50 GB 硬盘的个人电脑。此外,各种意想不到的来源都能产生数据。

Variety(多样):数据类型繁多,包括网络日志、视频、图片、地理位置信息等。多类型的数据对数据处理能力提出了更高的要求。数据多样性的增加主要是由新型多结构数据,包括网络日志、社交媒体、互联网搜索、手机通话记录及传感器网络等数据类型造成的。

Velocity(高速):处理速度快,时效性要求高,这是大数据区分于传统数据挖掘最显著的特征。以存储 1 PB 的数据为例,即使带宽(网速)能达到 1 Gbit/s,且计算机能够 24 小时运行,要将 1 PB 的数据存入计算机也需要 12 天。大数据通过云计算,可以实现将 12 天才能存储完毕的数据,在 20 分钟之内存储完毕。

Value(价值):数据价值密度相对较低。随着物联网的广泛应用,信息感知无处不在,信息海量,但价值密度较低,如何通过强大的机器算法更迅速地完成数据的价值"提纯",是大数据时代亟待解决的难题。例如,1 小时的监控视频,可能有用的数据仅仅只有一两秒。

二、大数据与物联网

1.物联网产生大数据

物联网在物体对外界进行感知并做出反应的过程中,无论是感知外界还是做出反应,都涉及数据的产生和处理。尤其是在智慧城市建设中的安防、移动医疗、智能交通等领域,更是由于应用的特殊性会产生海量数据,如图 4-2-1 所示。

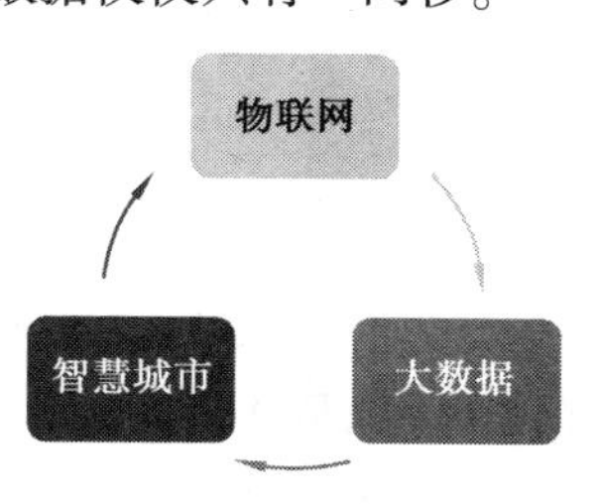

图 4-2-1　物联网—大数据—智慧城市之间的关系图

物联网产生的海量数据蕴含巨大价值。将物联网产生的庞大数据进行智能化的处理、分析,可生成商业模式各异的多种应用,这些应用正是物联网最核心的商业价值所在,物联网产业链的重心将向下游的智能处理聚集。以智慧城市管理为例,大量感知终端采集海量的信息,有交通路况、建筑能耗、物流配送、空气质量、景区流量等,如果能在城市综合运营管理中心进行充分分析、深入挖掘,将能及时发现问题,进行预警疏导和调整优化,从而提高城市管理效率,减少城市事故灾害,保障公众安全,提升人们的幸福指数。

2.物联网对大数据处理提出了新的挑战

物联网大数据的采集以及分析,面临着统一管理平台、技术支持和安全保护三大挑战。统一管理平台的建设因为物联网架构的复杂性以及应用跨领域的特性实现起来难度较大。物联网数据具有实时、动态、海量、颗粒性和碎片化的特点,物联网中间件如何设计,才能对采集到的海量信息进行大规模甄别和筛选,在数据存储、数据挖掘、数据处理、决策分析技术上必须有异于互联网数据处理的质的突破。此外,物联网数据通常带有时间、位置、环境和行为等信息,如何以制度保障和技术手段有效地化解安全隐私保护与数据价值商用之间的矛盾,都是亟待研究和解决的问题。

3.大数据带动物联网价值提升

通过对物联网的大数据进行分析,可以充分挖掘出物联网大数据的深层价值,为科学决策提供支撑,产生新的价值空间。物联网大数据的潜在价值,已引起了全球领先的IT企业的重视,IBM、微软、SAP、谷歌等IT企业不仅在全球部署了多个数据中心,还纷纷花费巨资收购专攻数据管理和分析的软件企业,致力于攻克物联网大数据分析难题。通过大数据分析的价值提升,将进一步推动数据的规模化采集,也推动物联网应用的规模化发展。

三、大数据应用案例

世界正变得越来越数字化,大数据正在以这种或那种方式影响着每个人的生活。我们在日常生活中所做的一切都会留下数字痕迹(或者数据),也就是大数据,我们可以利用和分析这些数据来让生活更加美好。下面,我们来看看几个有趣的“大数据”应用经典案例。

1.啤酒与尿布

全球零售业巨头沃尔玛,在对消费者购物行为分析时发现,男性顾客在购买婴儿尿片时,常常会顺便搭几瓶啤酒来犒劳自己,于是尝试推出了将啤酒和尿布摆在一起的促销手段。没想到这个举措居然使啤酒和尿布的销量都大幅增加。如今,“啤酒+尿布”的数据分析成果早已成了大数据技术应用的经典案例,被人津津乐道,如图4-2-2所示。

2.数据新闻让英军撤退

2010年10月23日《卫报》利用维基解密的数据做了一篇“数据新闻”。将伊拉克战争中所有的人员伤亡情况均标注于地图之上，如图 4-2-3 所示。地图上一个红点便代表一次死伤事件，鼠标单击红点后弹出的窗口则有详细的说明：伤亡人数、时间、造成伤亡的具体原因。密布的红点多达 39 万个，显得格外触目惊心。一经刊出立即引起朝野震动，推动英国最终做出撤出驻伊拉克军队的决定。

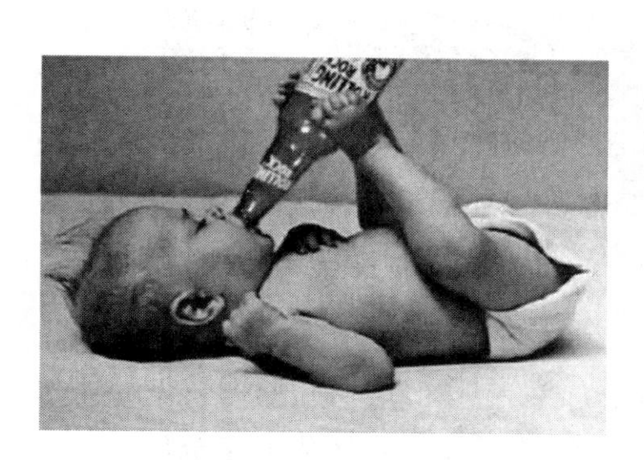

图 4-2-2　啤酒与尿布

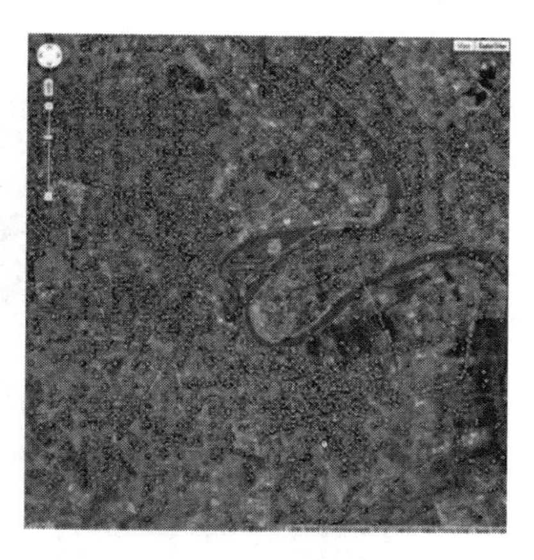

图 4-2-3　标注的地图

3.Google 预测冬季流感

2009 年，Google 通过分析 5 000 万条美国人最频繁检索的词汇，将之和美国疾病中心在 2003 年到 2008 年间季节性流感传播时期的数据进行比较，并建立一个特定的数学模型。最终 Google 成功预测了 2009 冬季流感的传播甚至可以具体到特定的地区和州，如图 4-2-4 所示。

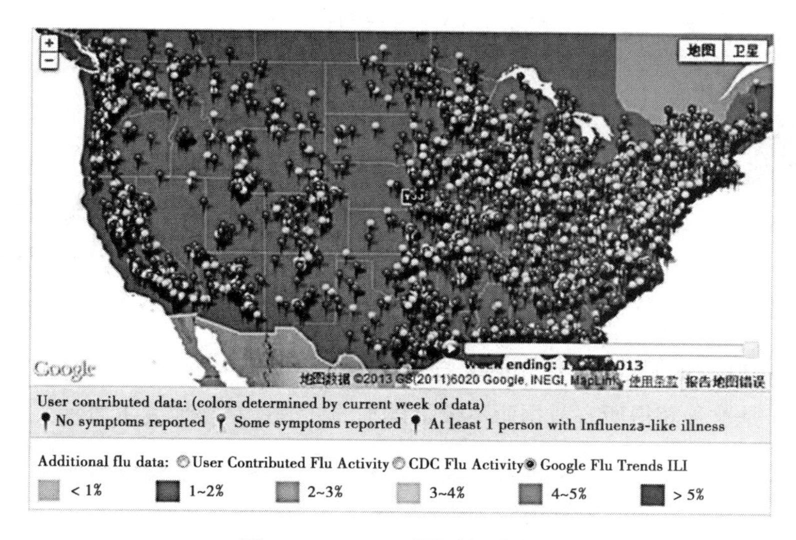

图 4-2-4　Google 预测冬季流感

4.微软大数据成功预测奥斯卡大奖

2013 年，微软纽约研究院的经济学家大卫·罗斯柴尔德利用大数据成功预测了 24 个奥斯卡奖项中的 19 个，成为人们津津乐道的话题。2014 年是罗斯柴尔德第二次预测奥斯卡,他修正了许多技术和方法,所以结果更加精准,成功预测了第 86 届奥斯卡金像奖颁奖典礼 24 个奖项中的 21 个,继续向人们展示了现代科技的神奇魔力。

他还跟微软团队联合开发了一款 Excel 应用,称为奥斯卡投票预测器(Oscars Ballot Predictor),如图 4-2-5 所示,用户可以实时记录和查看奥斯卡奖预测,这也帮助团队实现了大数据的动态挖掘。

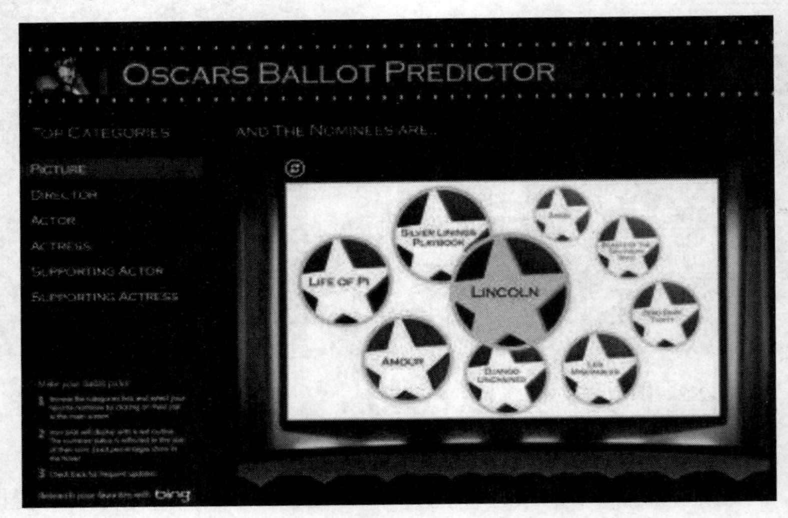

图 4-2-5 奥斯卡投票预测器

5. 大数据与乔布斯的癌症治疗

图 4-2-6 乔布斯

乔布斯(见图 4-2-6)是世界上第一个对自身所有 DNA 和肿瘤 DNA 进行排序的人。为此,他支付了高达几十万美元的费用。他得到的不是样本,而是包括整个基因的数据文档。对于一个普通的癌症患者,医生只能期望他的 DNA 排列同试验中使用的样本足够相似。但是,史蒂夫·乔布斯的医生们能够基于乔布斯的特定基因组成,按所需效果用药,如果癌症病变导致药物失效,医生可以及时更换另一种药,也就是乔布斯所说的"从一片睡莲叶跳到另一片上"。乔布斯开玩笑说:"我要么是第一个通过这种方式战胜癌症的人,要么就是最后一个因为这种方式死于癌症的人。"虽然他的愿望没有实现,但是这种获得所有数据而不仅是样本的方法还是将他的生命延长了好几年。

▶ 知识拓展

上网搜索有关大数据的视频内容,进一步体会大数据时代的生活。

▶ 任务小结

物联网的出现及发展标志着大数据时代已经来临,大数据已渗透到人们生活的各个领域,引领并且改变着人们现在的生活方式。大数据不断地从多样化的物联网传感设备和应用系统中产生,物联网大数据的复杂性对大数据技术提出了新的挑战。物联网与大数据的握手，不仅会使物联网产生更为广泛的应用，更会在大数据基础上延伸出长长的价值产业链。物联网带动大数据的发展，而大数据的应用又会加快物联网的发展步伐。

▶ 任务评价

评价内容	评价方式	评价等级	
		优秀	合格
大数据的定义	提问或作业	能完整清晰表述或书写	能表述
大数据的特征	提问或作业	能完整清晰表述或书写	能表述
大数据的构成	提问或作业	能完整清晰表述或书写	能表述
大数据与物联网的关系	提问或作业	能完整清晰表述或书写	能表述
大数据的典型应用	提问或作业	能举出多个实例	能举例
课堂笔记是否美观、完整	随堂或作业	书写整齐且完整	有笔记

▶ 任务检测

一、填空题

1.“大数据”指无法在一定时间范围内用常规软件工具进行捕捉、管理和处理的__________，是需要新处理模式才能具有更强的决策力、洞察发现力和流程优化能力来适应海量、高增长率和多样化的__________。

2.大数据技术的战略意义不在于掌握庞大的数据信息，而在于对这些含有意义的数据进行__________。

3.物联网的大数据来源于物质世界，由大量__________产生。

4.将物联网产生的庞大数据进行__________的处理、分析，可生成商业模式各异的多种应用，这些应用正是物联网最核心的__________所在。

二、简答题

1.业界通常用 4 个 V(Volume、Variety、Value、Velocity)来概括大数据的特征，简述 4 个 V 的含义。

2.简述大数据与物联网的关系。

任务三　物联网中间件

▶ 任务分析

随着网络技术的迅速发展,许多应用程序需要在异构的平台上运行。在这种分布式异构环境中,通常存在多种硬件系统平台,在这些硬件平台上,又存在各种各样的系统软件。如何把这些不同的硬件和软件系统集成起来,并在网络上互通互联,是非常现实和困难的问题。为解决分布异构的问题,人们提出了中间件的概念。物联网中间件屏蔽了底层操作系统和各种硬件系统的复杂性,使程序开发人员面对简单而统一的开发环境,减少了程序设计的复杂性,不必考虑程序在不同软硬件平台上的可移植性。

在本任务中,将介绍什么是物联网中间件,物联网中间件在物联网中的作用,物联网中间件的类型以及物联网中间件是如何架构的。通过本任务的学习,让学生对物联网中间件的基本概念有初步了解,为后续深入学习物联网打下基础。

▶ 任务讲解

一、物联网中间件基本概念

1.物联网中间件的定义

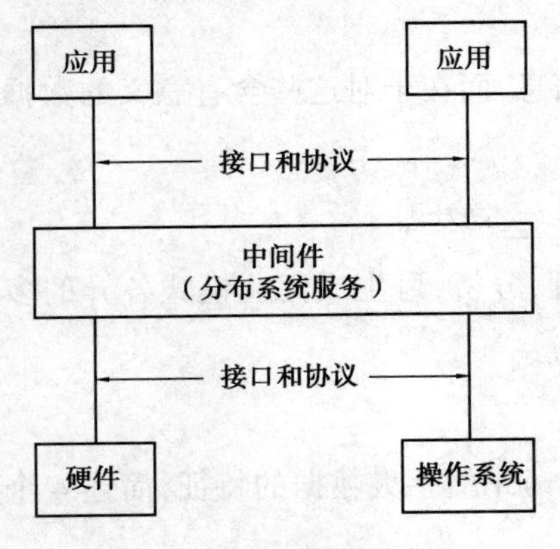

图 4-3-1　中间件示意图

中间件是位于不同平台系统和不同应用系统之间的通用服务,是一种独立的系统软件或服务程序,这些服务具有标准的程序接口和协议,通过中间件可实现在不同的应用系统之间共享资源,图 4-3-1 所示为中间件示意图。

中间件的主要特点是满足大量应用的需要;运行于多种硬件和操作系统平台;支持分布计算,提供跨网络、硬件和操作系统平台的透明的应用或服务交互;支持标准的协议和接口。

2.物联网中间件的作用

互联网的大规模普及,拉近了人与人之间的距离,不同国家的人的交往也变得频繁起来。由于彼此使用的语言不同,为了能够互相交流,需要将不同种类的语言转换成对方可识别的信息,这就需要翻译。同样随着物联网技术的高速发展,物与物之间的相互通信和协同工作也变得密切起来,也需要一个翻译来消除不能互通的产品之间的沟通障碍,进行跨系统的交流,而这个翻译,就称为中间件。物联网中间件起到一个中介的作用,它屏蔽了前端硬件的复杂性,其主要作用(见图 4-3-2)可总结如下:

①能保证自动识别系统的不同设备之间能够很好地配合协调;

②能够按照一定的规则筛选采集到的数据,过滤掉绝大部分冗余数据;

③提供的一组通用应用程序接口,使不同的应用程序终端可以连接到自动识别系统完成可靠通信。

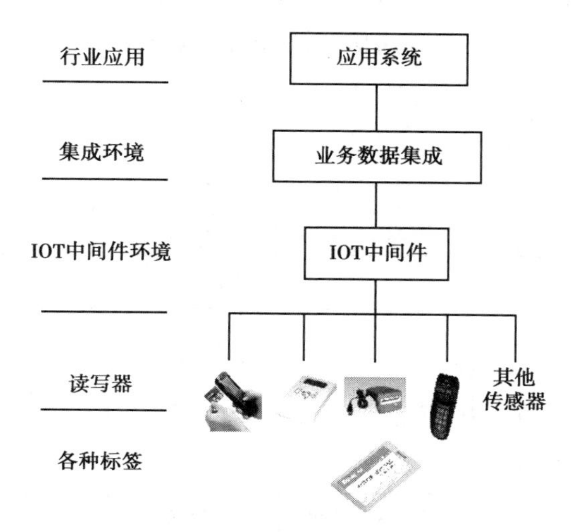

图 4-3-2　物联网中间件的作用示意图

3.物联网中间件的分类

(1)按照中间件的技术和作用进行分类

按照中间件的技术和作用进行分类,可分为数据访问中间件、远程过程调用中间件、面向消息中间件、面向对象中间件、网络中间件、事件处理中间件、屏幕转换中间件,如图 4-3-3 所示。

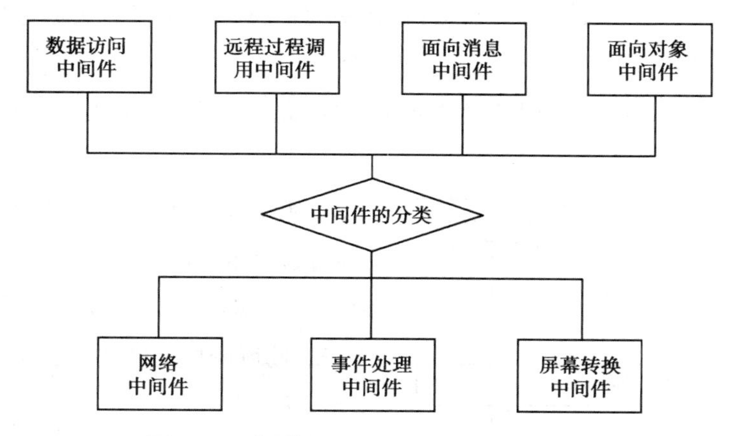

图 4-3-3　物联网中间件按技术和作用分类

(2)按照中间件的独立性进行分类

按照中间件的独立性分为非独立中间件和独立中间件。

非独立中间件:将各种技术都可以纳入现有的中间件产品中,其中某一种技术只是这种中间件可选的子项,如 RFID 技术是现有中间件的可选子项。

独立中间件:具有独立性,不依赖于其他软件系统。可以根据不同的需要进行软件的组合,满足各行各业的需要。

二、中间件的系统框架

中间件采用分布式架构,利用高效可靠的消息传递机制进行数据交流,并基于数据通信进行分布式系统的集成,支持多种通信协议、语言、应用程序、硬件和软件平台。其包括读写器接口(Reader Interface)、处理模块(Processing Module)、应用接口(Application Interface)3 部分,如图 4-3-4 所示。

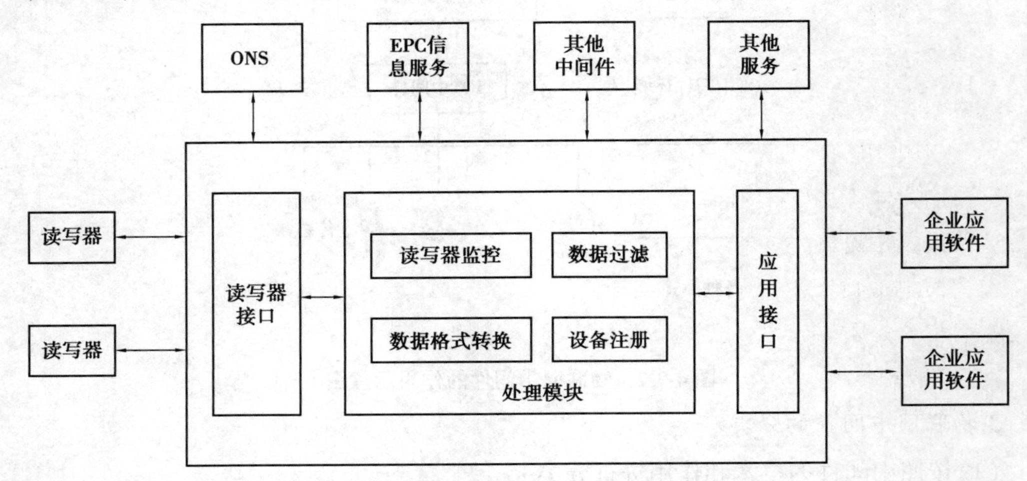

图 4-3-4　中间件分布式架构

读写器接口:市场上读写器的种类很多,每种都有专有的接口,不同读写器接口的数据访问能力和管理能力是不同的。让开发人员了解所有的读写器接口是不现实的,所以需要使用中间件来屏蔽具体的读写器接口,将专有的读写器接口封装成通用的抽象逻辑接口,再提供给开发人员。

处理模块:RFID 中间件处理模块由 RFID 事件过滤系统、实时内存事件数据库和任务管理系统 3 部分组成。

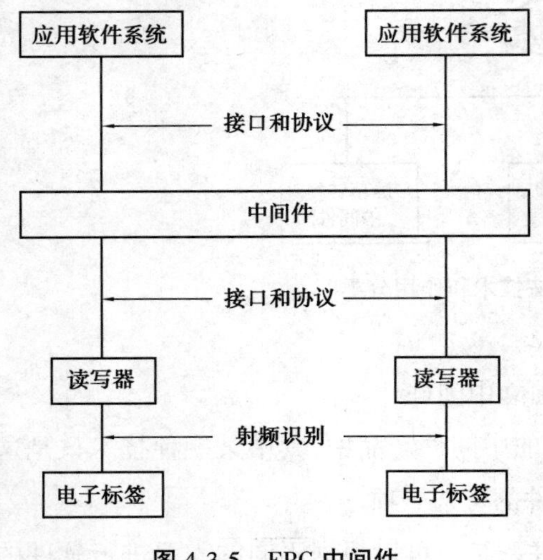

图 4-3-5　EPC 中间件

应用接口:提供一个标准机制来注册和接受经过过滤事件的数据,提供标准的应用程序接口(API)来配置、监控和管理中间件。

三、物联网中间件的主要代表

1.EPC 中间件

EPC 中间件也称 RFID 中间件,是 RFID 标签和应用程序之间的中介,如图 4-3-5 所示。EPC 中间件从应用程序端使用中间件提供的一组通用应用程序接口,能够读写 RFID 标签,连接到 RFID 读写器获取数据,此标准接口能够解决多对多连接的维护复杂性问题。

2.OPC 中间件

OPC(OLE for Process Control)即用于过程控制的对象链接和嵌入,是一个面向开放工控系统的工业标准。管理 OPC 标准的国际组织是 OPC 基金会。OPC 是包括一整套接口、属性和方法的标准集,用于过程控制和制造业自动化系统。

OPC 中间件为硬件制造商与软件开发商提供了一条桥梁,通过硬件厂商提供的 OPC Server 接口,软件开发者不必考虑各种不同硬件间的差异,即可从硬件端取得所需的信息,所以软件开发者只需专注于程序本身的控制流程的动作,通过 OPC 中间件可以很容易地达成远程控制的目标。

3.WSN 中间件

WSN 中间件主要支持无线传感器应用的开发、维护、部署和执行等更复杂的任务,如传感器网络通信机制、异构节点之间的协调和节点间的任务分配和调度等。

(1)设计原则

WSN 中间件的设计原则如图 4-3-6 所示,要求尽量简单,便于网络扩展、升级,维护的代价小。

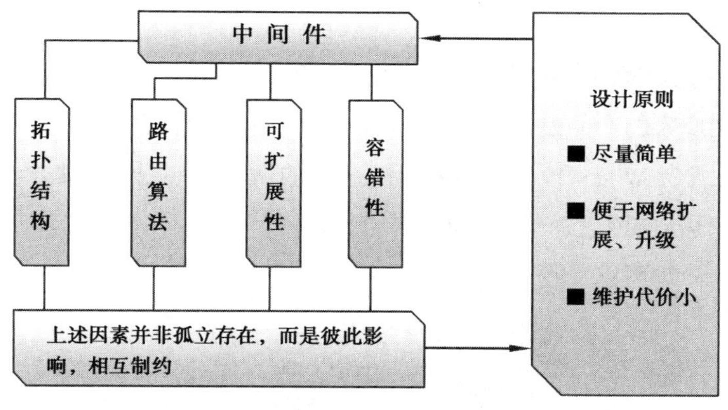

图 4-3-6 WSN 中间件

(2)功耗特点

WSN 中间件功耗很低,使用电池能够至少供电 5 个月。如图 4-3-7 所示,WSN 中间件主要从感知功耗、数据处理功耗和通信功耗 3 个方面进行了功耗控制。

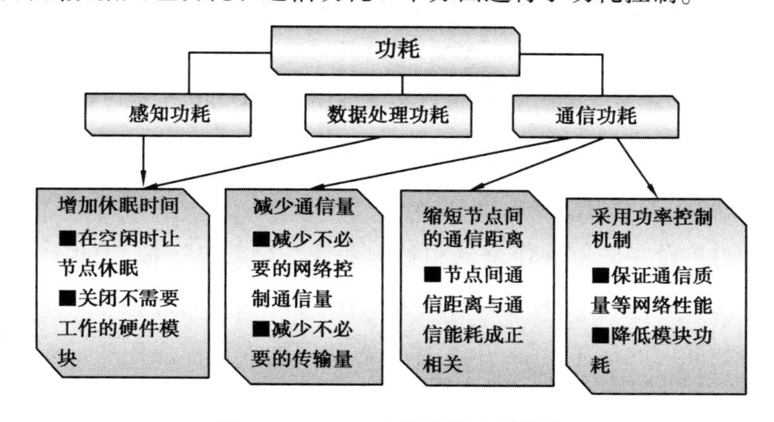

图 4-3-7 WSN 中间件的功耗特点

四、物联网中间件应用举例

1.工业领域的应用

在工业中,传统工厂实现智能化升级的第一步便是对设备进行联网。目前,电子设备或者机械设备的品牌和种类繁多,要实现对设备的检测十分复杂。那么,怎样才能实现让企业在最低成本下通过有效方式获取不同品牌不同通信协议设备的生产状态,并对这些信息进行传输、处理,从而达到对生产车间设备进行远程监测的效果呢?

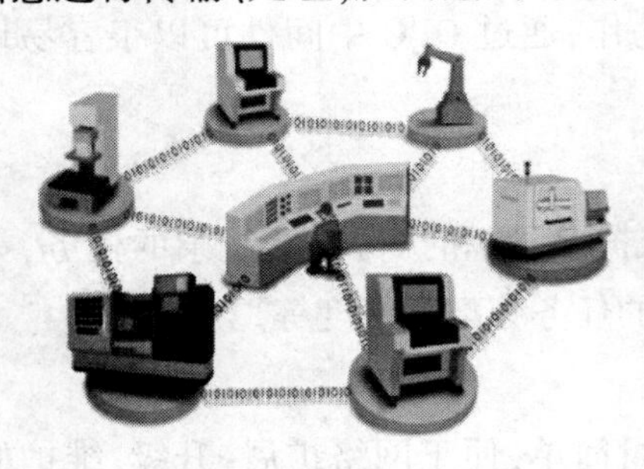

图 4-3-8 中间件在工业应用中的示意图

有些工厂对此的处理方法是首先通过数据采集模块对各种各样的设备信息进行采集,然后通过中间协议转换平台将采集的信息转换成统一可识别的通信协议,经过转换后的信息再传送至后台服务器进行统一的分析、处理、存储等。因此,即使是不同品牌、不同型号、支持不同通信协议的设备也可以相互通信,图 4-3-8 所示为处理过程的示意图。

2.智能家居的应用

在整个智能家居环境中,包含电灯、电视、冰箱、洗衣机、空调、窗帘等终端产品,如图 4-3-9 所示。不同厂家的产品是不一样的,可能支持不同的通信协议。有的产品可能支持蓝牙,或者红外,或者 Wi-Fi,或者 ZigBee 等,这样的话,产品之间就没办法相互通信。那么,要实现智能家居,应该怎样让不同的产品互联呢?

图 4-3-9 智能家居中不同产品通信

在通信协议标准尚未统一的情况下,通过智能家居网关中间件就可以解决各类产品的通信障碍,从而实现智能家居互联互通。因此,对于目前的物联网来说,中间件是不可或缺的。

▶ 任务小结

物联网中间件屏蔽了底层操作系统和各种硬件系统的复杂性,使程序开发人员面对简单而统一的开发环境,减少了程序设计的复杂性,不必考虑程序在不同软硬件平台上的可移植性。随着物联网的快速发展,中间件在物联网的大规模应用中展现出了越来越重要的作用。

▶ 任务评价

评价内容	评价方式	评价等级	
		优秀	合格
中间件的概念	提问或作业	能完整清晰表述或书写	能表述
中间件的作用	提问或作业	能完整清晰表述或书写	能表述
中间件的分类	提问或作业	能完整清晰表述或书写	能表述
中间件的系统框架	提问或作业	能完整清晰表述或书写	能表述
课堂笔记是否美观、完整	随堂或作业	书写整齐且完整	有笔记

▶ 任务检测

一、填空题

1.中间件是位于不同__________和不同__________之间的通用服务，是一种独立的__________或__________，这些服务具有标准的程序接口和协议。

2.通过中间件可实现在不同的__________之间共享资源。

3.物联网中间件就相当于一个翻译，起到一个__________的作用，它屏蔽了前端硬件的__________。

4.物联网中间件按照其独立性可分为__________和__________两类。

5.中间件包括__________、处理模块、__________ 3 部分。

二、简答题

1.物联网中间件的主要作用有哪些？

2.简述物联网中间件的主要代表及各自特点。

项目五　物联网的典型行业应用

项目概述

物联网把新一代IT技术充分运用在各行各业中，具体地说，就是把感应器嵌入和装备到电网、铁路、桥梁、隧道、公路、建筑、供水系统、大坝、油气管道等各种物体中，然后将"物联网"与现有的互联网整合起来，实现人类社会与物理系统的整合。在此基础上，人类可以以更加精细和动态的方式管理生产和生活，达到"智慧"状态，提高资源利用率和生产力水平，改善人与自然间的关系。这就是物联网的实际应用。

在本项目中，主要对智慧农业、智慧校园、智慧交通以及智慧家居进行详细的讲解。通过本项目的学习，使学生了解物联网在农业、校园、交通、家居等方面的典型行业应用。

项目目标

知识目标：

- 理解智慧农业、智慧校园、智慧交通、智慧家居的基本概念；
- 理解物联网在典型行业中所运用的关键技术。

能力目标：

- 能举例说明物联网在典型行业中的应用。

素养目标：

- 培养学生养成探究学习、小组合作的好习惯；
- 培养学生养成将理论知识与生活实例相联系的思考方式。

任务一 智慧农业

▶ 任务分析

本任务介绍了智慧农业的相关知识,通过本任务的学习,让学生了解智慧农业的基本概念,包括智慧农业的体系架构、功能系统和关键技术等,并通过智慧农业的应用案例,进一步了解智慧农业在生活中的典型应用。

▶ 任务讲解

一、智慧农业简介

我国是农业大国,而非农业强国。近30年来,我国农业的重要成绩就是粮食产量十多年持续增长,蔬菜、水果、肉类、禽蛋、水产品的人均占有量也排在世界前列。但这些显著成绩的背后,仍然面临一系列问题。果园高产量主要依靠农药化肥的大量投入,大量化肥和水资源没有被有效利用而随地弃置,导致大量养分损失并造成环境污染;我国农业生产仍然以传统生产模式为主,传统耕种只能凭经验施肥灌溉,不仅浪费大量的人力、物力,也对环境保护与水土保持构成严重威胁,对农业可持续性发展带来严峻挑战。图5-1-1所示为目前我国农业发展面临的问题。

图 5-1-1 农业发展面临的问题

针对上述问题,利用实时、动态的农业物联网信息采集系统,实现快速、多维、多尺度的农业信息实时监测,并在信息与种植专家知识系统基础上实现农田的智能灌溉、智能施肥与智能喷药等自动控制,运用基于物联网系统的各种设备,检测环境中的温度、相对湿度、pH值、光照强度、土壤养分、CO_2浓度等物理参数,并依据这些参数对农业生产实现自动控制,确保农作物有一个良好、适宜的生长环境。所以,智慧农业成为发展农业的重要内容。

智慧农业简介

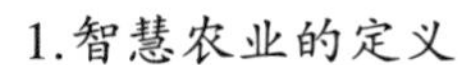

1.智慧农业的定义

2014年我国提出“智慧农业”这一概念,它是“智能农业专家系统”的简称。它一般是指利用物联网技术、“5S”技术、云计算技术和大数据等信息化技术实现“三农”产业的数字化、智能化、低碳化、生态化、集约化,从空间、组织、管理整合现有农业基础设施、通信设备和信息化设施,使农业实现"高效、聪明、智慧、精细"和可持续生态发展,是将科学技术融合在农业发展领域中的具体实践和应用。图 5-1-2 所示为智慧农业宣传图。

图 5-1-2 智慧农业宣传图

智慧农业的技术特征包含以下 4 个方面的内容:一是农作物、水产、畜牧、农产品加工、农业工程、农业生态环境、市场分析等方面的专家知识系统;二是用于决策支持的数据库、模型库以及相关的智能查询系统和分析系统;三是以精确农业为代表的信息农业得到空前发展,卫星数据传输系统已广泛地应用于农业经营;四是互联网的快速发展,信息高速公路的快速延伸。

2.智慧农业的原理及其体系构建

(1)智慧农业的原理

智慧农业是主要依靠"5S"技术[遥感系统(RS)、全球定位系统(GPS)、地理信息系统(GIS)、专家系统(ES)、智慧决策支持系统(IDSS)]和物联网技术、云计算技术、大数据技术及其他电子信息技术,与农业生产全过程结合形成的新发展体系和发展模式。

(2)智慧农业的体系构建

智慧农业体系是运用"5S"技术快速进行土壤分析、作物长势监测,结合当时的气候、土壤情况进行分析,进而通过系统做出正确的决策,指导农业生产活动、生产管理,创造出新型农业生产方式和经营销售新模式。图 5-1-3 所示为智慧农业管理平台示意图,展示了智慧农业系统的体系结构。

智慧农业的农业物联网同样包括感知层、网络层、应用层。第一层是感知层,由传感器采集环境与土壤信息;第二层是网络层,选用无线传感器网络将星型网与网状网结合,实现远距离无线传输所采集到的信息;第三层是应用层,可以对农田数字信息进行记录、管理,并精确灌溉、施肥等。

3.智慧农业的功能系统

智慧农业是物联网技术在现代农业领域中的应用,其主要有监控功能系统、监测功能系统、实时图像与视频监控功能系统。

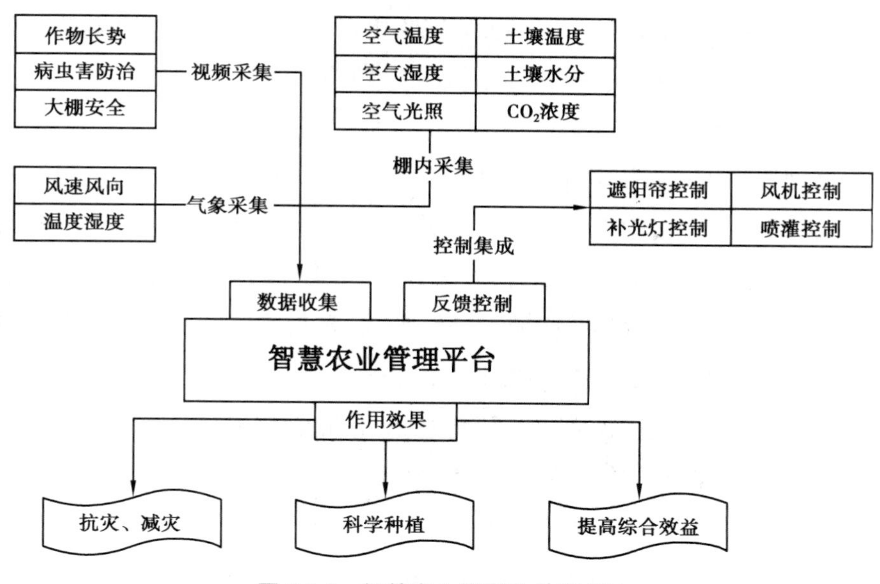

图 5-1-3　智慧农业管理平台示意图

(1)监控功能系统

第一步,根据无线网络获取植物生长环境信息,如监测土壤水分、土壤温度、空气温度、空气湿度、光照强度、植物养分含量等参数。其他参数也可以选配,如土壤中的 pH 值、电导率等。

第二步,进行信息收集,负责接收无线传感汇聚节点发来的数据,实现所有基地测试点信息的获取、管理、动态显示和分析处理,以直观的图表和曲线的方式显示给用户。

第三步,根据以上各类信息的反馈对农业园区进行自动灌溉、自动降温、自动卷膜、自动施肥、自动喷药等控制。

(2)监测功能系统

第一步,在农业园区内实现自动信息检测与控制,配备无线传感节点,每个无线传感节点可监测土壤水分、土壤温度、空气温度、空气湿度、光照强度、植物养分含量等参数。

第二步,根据种植作物的需求提供各种声光报警信息和短信报警信息。

(3)实时图像与视频监控功能系统

农业物联网的基本概念是建立农作物与环境、土壤及肥力间的物物相联的关系网络,通过多维信息与多层次处理实现农作物的最佳生长环境调理及施肥管理。

对于农业生产而言,仅仅数值化的物物相联并不能完全营造作物最佳生长条件。视频与图像监控为物与物之间的关联提供了更直观的表达方式。例如,哪块地缺水了,单从物联网采集的数据上看仅仅能看到水分数据偏低。应该灌溉到什么程度也不能死搬硬套地仅仅根据这一个数据来做决策。

因为农业生产环境的不均匀性决定了农业信息获取上的先天性弊端,很难从单纯的技术手段上进行突破。视频监控的引用,直观地反映了农作物生产的实时状态,引入视频图像与图像处理，既可直观反映一些作物的长势，也可以从侧面反映出作物生长的整体状态及营养水平，可以从整体上给农户提供更加科学的种植决策理论依据。

4.物联网与智慧农业

农业物联网就是物联网技术在农业生产、经营、管理和服务中的具体应用，具体讲就是运用各类传感器，广泛地采集大田种植、设施园艺、畜禽水产养殖和农产品物流等农业相关信息；通过建立数据传输和格式转换方法，集成无线传感器网络、电信网和互联网，实现农业信息的多尺度(个域、视域、区域、地域)传输；最后将获取的海量农业信息进行融合、处理，并通过智能化操作终端实现农业产前、产中、产后的过程监控、科学管理和即时服务，进而实现农业生产集约、高产、优质、高效、生态和安全的目标。

二、智慧农业应用案例

1.大棚种植

“手机种菜”“电脑施肥”“鼠标收菜”……这些原本只有在游戏里才能实现的“现代农业梦”，如今已经逐渐变为现实。这种颠覆了传统农业生产作业的方式就是现代农业的“智慧表现”。图 5-1-4 所示为智慧农业中大棚种植示意图，整个大棚种植主要通过实时监控、远程控制、查询、警告等功能，实现高度的自动化、智能化，大大提高了生产效率，节省了人工。

图 5-1-4　大棚种植

实时监测功能：通过传感设备实时采集温室(大棚)内的空气温度、空气湿度、CO_2 浓

度、光照强度、土壤水分、土壤肥力、土壤 pH 值、土壤温度、棚外温度与风速等数据；将数据通过移动通信网络传输给运营管理中心，运营管理中心对数据进行分析处理，如图 5-1-5 所示。

图 5-1-5　农业物联网智能监控室

远程控制功能：条件较好的大棚，安装有红外灯、电动卷帘、排风机、电动灌溉系统等机电设备，可实现远程控制功能，如图 5-1-6 所示。农户可通过手机或电脑登录系统，控制温室内的水阀、排风机、卷帘机的开关，也可设定好控制程序，系统会根据情况自动开启或关闭卷帘机、水阀、风机等大棚机电设备。

图 5-1-6　具有远程控制设备的大棚

查询功能：农户使用手机或电脑登录系统后，可以实时查询温室(大棚)内的各项环境参数、历史温湿度曲线、历史机电设备操作记录、历史照片等信息，还可以查询当地的农业政策、市场行情、供求信息、专家通告等，获取有针对性的综合信息服务，如图 5-1-7 所示。

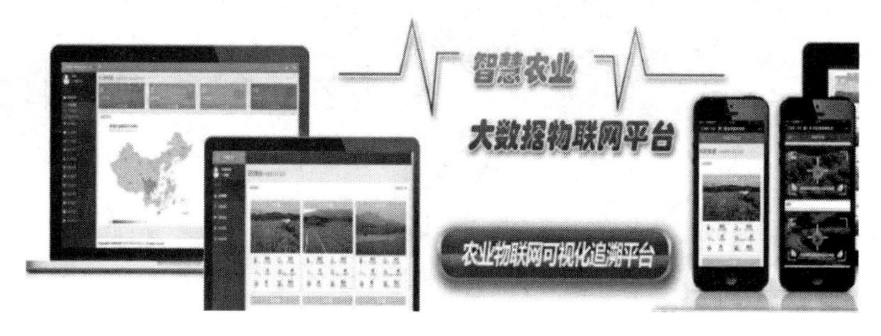

图 5-1-7　可实时查询大棚内各参数

警告功能：需预先设定适合条件的上限值和下限值，设定值可根据农作物种类、生长周期和季节的变化进行修改。当某个数据超出限值时，系统立即将警告信息发送给农户，提示农户及时采取措施。

2.畜牧养殖

随着信息技术的发展，物联网也推动传统畜牧业向产业化、标准化、规模化、无害化、园区化方式转变。畜牧养殖环境物联网智能监测控制系统的出现，标志着畜牧养殖业已进入了现代化发展阶段，如图 5-1-8 所示。

图 5-1-8 畜牧养殖环境物联网智能监测控制系统

畜牧养殖环境物联网智能监测控制系统主要由智能手机 App 端、云服务器平台、本地工控机数据采集系统、现场传感器以及智能控制器等部分组成。整套系统可以实现各种动物养殖场的综合监控，包括养殖场内的温度、湿度、CO_2 浓度、O_2 浓度、光照强度、粉尘、风速等，可以直接观看养殖区视频图像等，同时可对养殖场内的温度、湿度、有害气体浓度、光照强度进行自动或手动控制，以营造一个适于牲畜生长的舒适环境，提高养殖的经济效益，如图 5-1-9 所示。

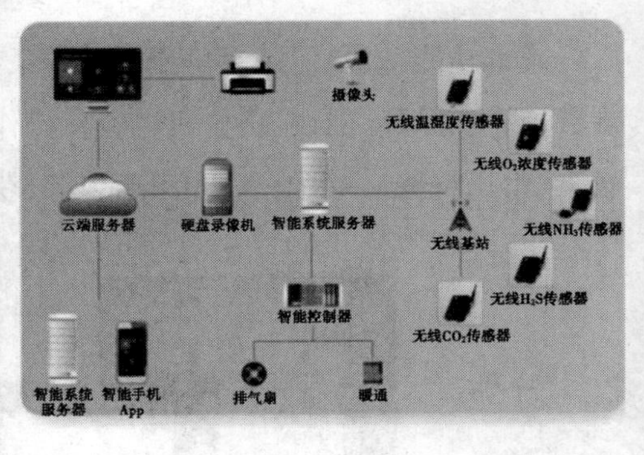

图 5-1-9 畜牧养殖监测环境

该系统主要通过数据采集、自动化设备监控、智能工作模式、远程控制、错误报警、信息发布、视频监控等功能，实现高度的自动化、智能化，大大提高了生产管理效率，节省了人工。

数据采集：将温度、湿度、CO_2 浓度以及 NH_3 等有害气体含量数据通过有线或无线网络传递给数据处理系统，如果传感器上报的数据超标，系统出现阈值警告，可以自动控制相关设备进行智能调节，并作为追溯备用。

自动化设备监控：通过操作面板控制风机、灯、水帘等设备，从而实现通风、补光、降温、自动喂料、自动清粪等功能，并采用视频、软件控制。如果有异常，能够第一时间推送客户端，以保证牲畜生长所需的适宜环境。

智能工作模式：将生产作业流程输入系统，随温度变化自动控制风机的开关数量，自动喂料系统会自动输送饲料，刮粪机定时启动清理粪便等。

远程控制：用户在任何时间、任何地点通过任意网络终端，均可实现对养殖场内各种设备进行远程控制。

错误报警：系统允许用户制订自定义的数据范围，超出范围的错误情况会在系统中自动标注，以达到报警的目的。

信息发布：为大屏幕显示终端（含电视墙）服务，用于实时显示养殖场的环境测量值，可安装在监控中心或者调度室。

视频监控：可随时随地通过手机或电脑观看养殖场内的实时影像，对牲畜生长进程进行远程监控。

以前牧民都必须亲自到草原上放牧，不仅放牧时间长，效率也特别低。而现在利用监控系统，为所有牲畜都带上电子项圈，牧民就可以通过手机，了解牲畜的情况，查看牲畜的位置，同时可以设置电子围栏，一旦牲畜走出围栏，手机将收到消息提醒，牧民可以进行相应的处理，从而实现了在家放牧。

3.大田种植

大田种植环境测控平台（见图 5-1-10）以先进的传感器、物联网、云计算、大数据以及互联网信息技术为基础，由监测预警系统、无线传输系统、智能控制系统及软件平台构成，通过对监测区域的土壤资源、水资源、气候信息及农情信息（苗情、墒情、虫情、灾情）等进行统一化监控与管理，构成以标准体系、评价体系、预警体系和科学指导体系为主的网络化、一体化监管平台，真正做到大田种植长期监测、及时预警、信息共享、远程控制，实现提高产量与改善品质、节水节肥、绿色种植的目的。

大田种植环境监测平台的主要作用如下。

地面信息采集：使用检测光照、光辐射、雨量、风速、风向、气压、PM2.5 等的传感器采集地面气象信息，当气象信息超出正常值时可以及时采取措施，减轻自然灾害带来的损失。

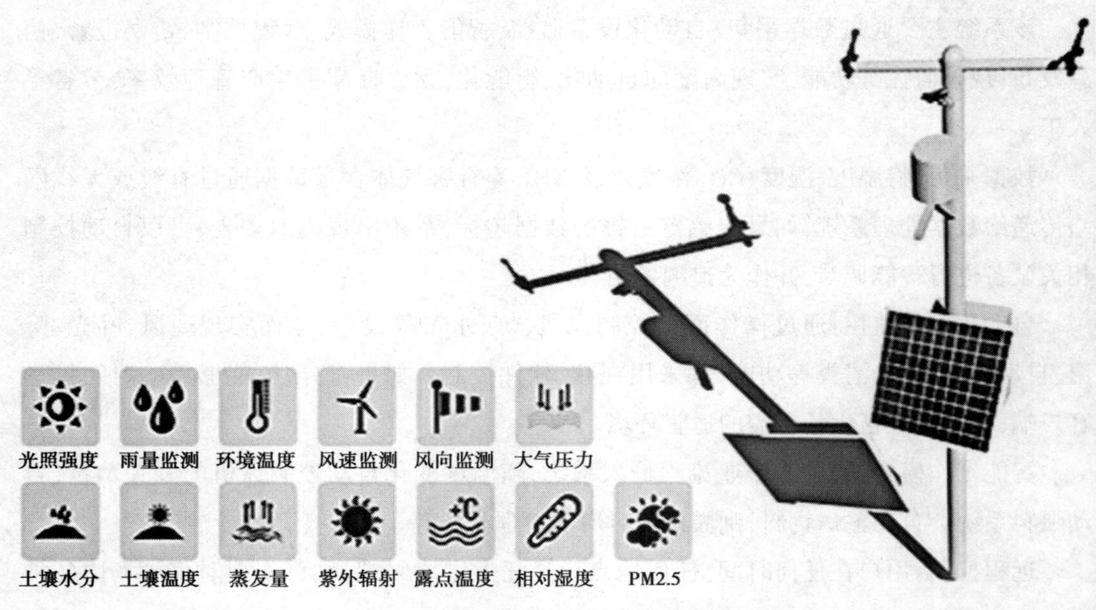

图 5-1-10　大田种植环境监测平台

地下信息采集：监测土壤温度、土壤水分、养分含量（N、P、K）、溶氧、pH 值等信息，实现合理灌溉，杜绝水资源浪费和大量灌溉导致的土壤养分流失。

智能控制：将物联网、云计算等信息技术与水肥一体化技术进行有机结合，真正实现土地可视化数据直接控制水肥一体化设备，实现精准控制，如图 5-1-11 所示。

图 5-1-11　大田种植浇水设备

4.水产养殖

以前的鱼塘养殖户们每天要花大量的时间看管鱼塘，不仅要实时注意鱼塘水温、光照、湿度等问题，还要时刻掌握好鱼塘水的溶氧值。现在，有了物联网技术的帮助，养殖户们在家中就可以通过电脑或手机了解鱼塘情况，不仅能了解具体数据，还能实时观看视频，更重要的是可以对鱼塘中的增氧设备实现远程操作。

在整个水产养殖中，物联网技术可以采集整个生产过程的数据，对养殖、卫生检疫、流

通运输、市场交易、餐桌消费等全程都进行数据记录。此外，与养殖相关的如气象、市场等数据也能采集。这些数据构成了大数据的基础，形成大数据系统，指导养殖生产经营活动。例如，指导养殖户选择养殖品种，确定养殖方法和养殖周期，从而提高养殖生产效益，并最终能提炼出行业发展规律，为政府和企业工作提供相关依据。

在整个水产养殖过程中，使用科学养殖农业物联网平台，能够帮助养殖户监测水质溶氧变化、防控风险、降低成本、增加效益，使水产养殖走向科学化、自动化养殖的道路；同时，物联网平台更像一个纽带，会改变养殖户的思维习惯，让他们学会使用数据，不再单凭感觉、靠经验来养殖，如图 5-1-12 所示。

图 5-1-12　水产养殖物联网系统的监控过程

▶ 知识拓展

扫描二维码观看视频，了解智慧农业在大棚中的应用。

智慧农业之大棚应用

▶ 任务小结

在信息技术高速发展的背景下，智慧农业被寄予厚望。智慧农业是集互联网、移动互联网、云计算和物联网技术为一体的全新农业生产方式，它与科学的管理制度相结合，让多种信息技术在农业中实现综合、全面的应用，推动农业产业链改造升级，实现农业精细化、高效化与绿色化发展，保障农产品安全、农业竞争力提升和农业可持续发展。因此，智慧农业是农业现代化发展的必然趋势，需要从培育社会共识、突破关键技术和做好规划引领等方面入手，促进其发展。

▶ 任务评价

评价内容	评价方式	评价等级	
		优秀	合格
智慧农业的概念	提问或作业	能完整清晰表述或书写	能表述
智慧农业的“5S”技术	提问或作业	能完整清晰表述或书写	能表述
智慧农业的功能系统	提问或作业	能完整清晰表述或书写	能表述
智慧农业的关键技术	提问或作业	能完整清晰表述或书写	能表述
智慧农业的应用实例	提问或作业	能举出多个实例	能举例
课堂笔记是否美观、完整	随堂或作业	书写整齐且完整	有笔记

▶ 任务检测

一、填空题

1.智慧农业的“5S”技术包括__________、__________、__________、__________、__________。

2.智慧农业的功能系统有__________、__________、__________。

3.智慧农业的关键技术有__________、__________、__________。

4.农业信息感知技术包括__________、__________、__________、__________、__________。

二、简答题

1.简述智慧农业的概念。

2.请举例说明智慧农业的应用。

任务二　智慧校园

▶ 任务分析

校园管理从网络校园到数字校园，再到现在的智慧校园，时代推动着教育管理发生了与时俱进的改革。智慧校园的建设主要是为了提高校园信息服务和应用的质量和水平，建立一个便捷、开放、创新和智能的综合信息服务平台，包括信息采集、信息共享和信息应用，服务于校园里的每一位同学、教师、管理人员等。本任务主要讲解智慧校园的基本概念，了解智慧校园中的典型应用，如智慧教学、智慧图书馆以及智慧管理。

▶ 任务讲解

一、智慧校园简介

1.智慧校园的起源和发展

我国教育信息化的发展始于20世纪80年代，近年来得到快速发展，并开始了数字校园建设。教育信息化是构建学习型社会和现代教育体系的核心手段，是高素质、全能型人才整体培养的内在要求。教育信息化的发展目标是为了构建新型教育体系，以适应和体现现代社会经济和科技发展，促进学生的创造性思维，充分发掘自身潜力，实现个性化发展。教育信息化发展经历了数字校园、网络校园、智慧校园3个阶段。

对于传统数字校园建设，部分教育院校在自身信息化建设初期缺乏顶层设计，推进过程中随意性较大，随着应用的深入瓶颈渐显：各业务之间相互独立，业务逻辑无交互，用户数据不能共享，只能提供单一使用方式的“竖井”式架构。基于云计算、大数据、物联网、移动互联网等新技术兴起的智慧校园，在云端将应用虚拟化、数据实时化和信息规一化，各种服务共享计算资源、存储资源、网络资源、运营资源、管理资源和安全资源等，实现了全

新的校园管理及服务模式。简单来说,随着大数据、物联网、云计算的兴起及发展,教育信息化也随之适应发展,进入智慧校园阶段。

2.智慧校园的定义

智慧校园是以物联网为基础,将多种应用服务系统作为载体而构建成的集教学、管理、科研及校园生活为一个整体的新型校园环境。基于数字环境,使得人们可以及时又准确地获取本系统中所有个人和物体的全部信息,经过对数据进行整理和分析,为校园系统的改进和更新提供数据支撑,推动校园智慧化教学、智慧化科研、智慧化管理、智慧化生活的实现。

物联网时代的智慧校园整体解决方案

3.智慧校园的特征

智慧校园是教育信息化的进一步发展形态,是数字校园在各种新兴信息技术的综合运用下的进一步扩展与提升,智慧校园能对校园物理环境全面感知,对师生群体的学习进行智能识别,同时也包括对工作情景和个体特征的智能识别,将学校物理空间和数字空间有机衔接起来,以实现教育教学环境的智能开放以及便利舒适生活环境的建立,改变师生与学校资源、环境的交互方式,实现以人为本和深度融合,所以智慧校园具有智慧资源、智慧学习、智慧分析、智慧感知、智慧融合五大特征,如图5-2-1所示。

(1)智慧资源

智慧资源共生共享是智慧校园资源建设的核心,学习资源的建设、共享、管理和使用是智慧校园的核心基础。智慧校园为学习者提供完善的网络平台,作为知识存储、分类与分享的手段,帮助学习者创建各种资料和信息,实现资源的整合、分享和创新。通过智慧校园知识管理的系统,让整个资源库中的信息与知识通过创造、分享、整合、挖掘、分析等过程,不断地回馈到资源系统内,形成学校智慧循环,推动学校资源创新。

(2)智慧学习

很多情况下师生的学习受到时间和空间的限制,不能随心所欲地开展学习活动。智慧校园则突破了时间和空间的限制,如图 5-2-2 所示,实现个人与群体的友好交互,线上线下的有机互动,课上课下的学习讨论,现实空间与网络虚拟空间的高效结合,最终实现多方维度、空间开放的学习、科研新模式。

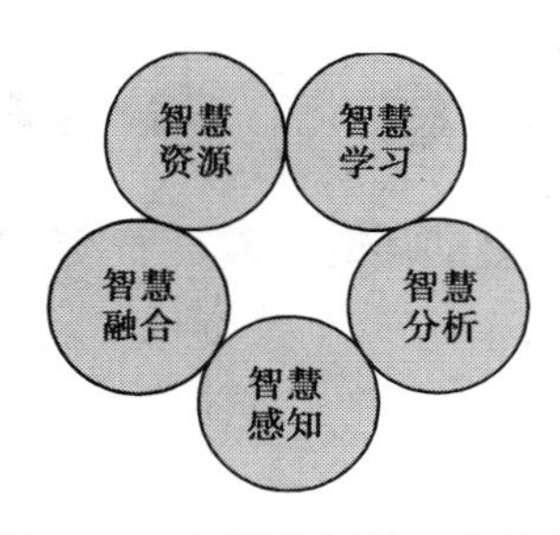

图 5-2-1 智慧校园的五大特征

图 5-2-2 跨时间、跨空间的学习模式

(3)智慧分析

当今社会已经步入大数据时代,海量的数据充斥着师生的生活与工作,智慧校园的统一数据管理与分析平台(见图 5-2-3),可以帮助师生有针对性地、全面地获取数据和信息,同时对这些数据和信息进行整理和分析,形成智能推理,最终实现智慧化的决策、管理和控制。

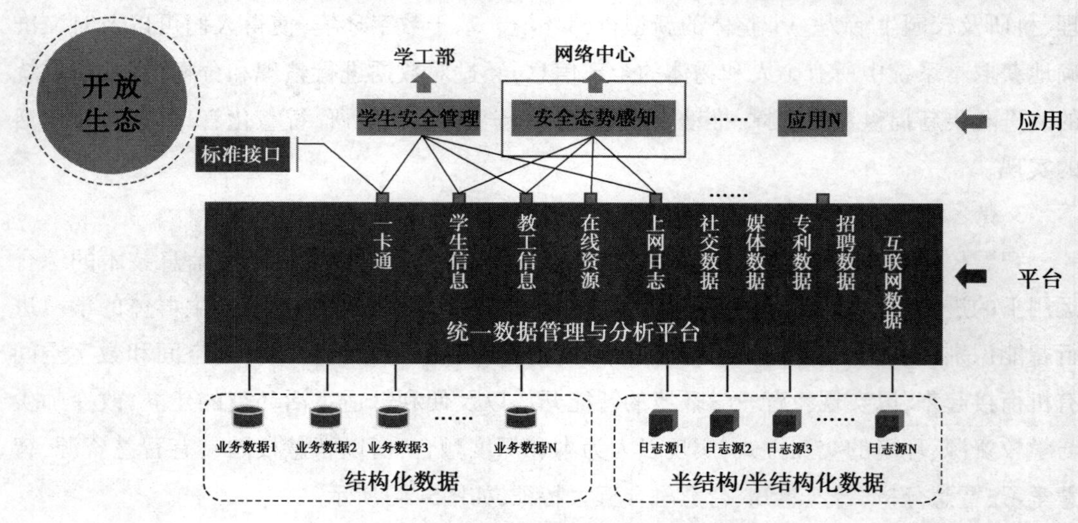

图 5-2-3　统一数据管理与分析平台

(4)智慧感知

目前师生几乎都拥有智能手机等设备,可以实现随时随地的计算、信息获取与感知。从学校资源来看,数字设备日益普及,远程使用、管理与控制成为现实。此外,各种智能感应技术,包括光线、重力、方位、体态、触摸、影像、位置、温度、湿度、红外、辐射、压力、NFC、RFID 等得到广泛应用,各种监测信息可以随时获得。原来只能感性描述的校园环境和活动,现在已经可以通过定量的数据来描述,并通过建立模型,智能化地对一般发展规律或趋势进行预测和判断,如图 5-2-4 所示。

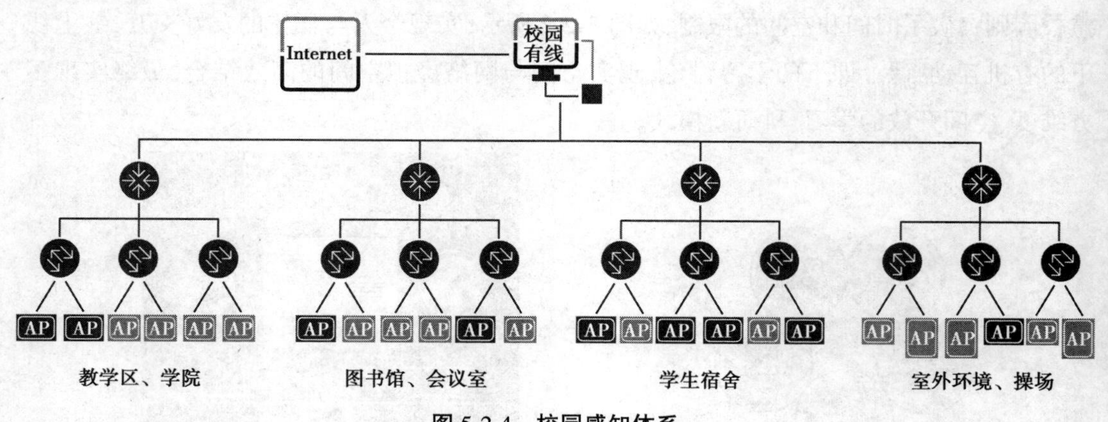

图 5-2-4　校园感知体系

(5)智慧融合

校园不再是传统意义上的象牙塔,尤其是职业学校必须与社会接轨。从校园内部来

说，要实现各项应用的个性定制，推动智能融合，通过智能推荐来提升管理决策的能力，实现智慧化管理。从外部社会来说，学校要了解职业教育的发展，了解行业企业的发展；通过多方信息综合开展学校与学校之间、学校与行业之间多种模式的学习培训，由此促进学校的持续发展。

二、智慧校园应用案例

1.智慧教室

(1)系统框架

在教学过程中，教室和学生位置的固定性，都对学生的学习过程造成一定的影响。逐步成熟的智慧教室克服了学习的局限性，学生可以在硬件设施齐全的条件下跨越时间和空间进行学习。智慧教室系统主要包括电子班牌、智慧讲台、投影机、智能安防系统、智慧环境等，如图 5-2-5 所示。

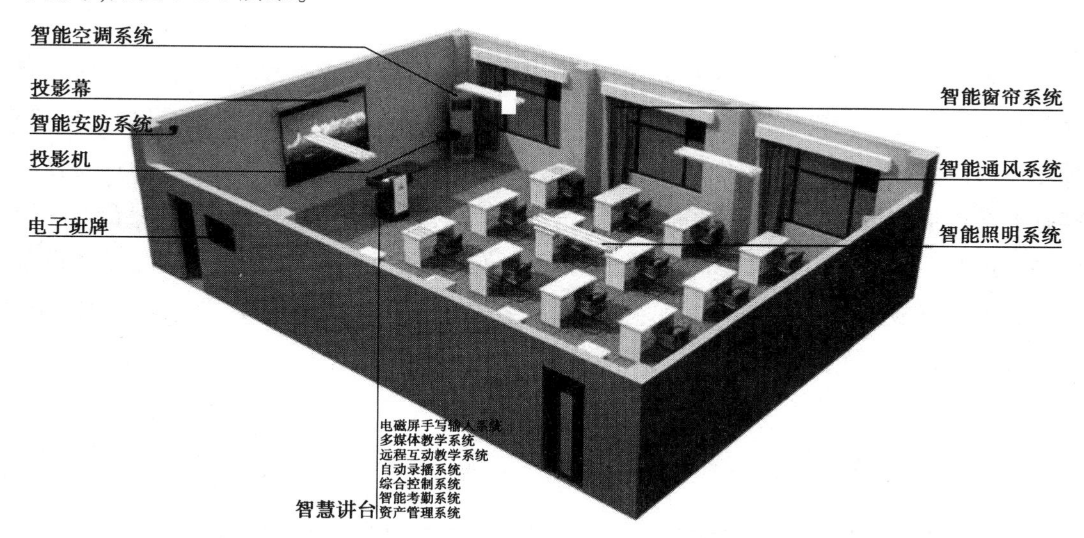

图 5-2-5　智慧教室系统组成

电子班牌：其外形和平板电脑相似，如图 5-2-6 所示。其主要显示班级的基本信息，包括天气、当前日期和时间、班名、课程表、值日表，以及由传感器采集的实时数据，同时显示当前课堂所处的状态。电子班牌还是一个信息发布平台，与校园网络连接，实时显示学校通知、班级通知，可设置集中分布式管理，自由控制每个终端；还可以进行刷卡考勤，并将数据传送至云平台。有的电子班牌还可以加入课堂反馈功能，学生可刷卡自动登录系统，对所上课程进行课堂反馈，教师可及时了解教学反馈，调整教学节奏，有效提高教学质量。

智慧讲台：包括电磁屏手写输入系统、多媒体教学系统、远程互动教学系统、自动录播系统、综合控制系统、智能考勤系统、资产管理系统，多种软件与硬件相结合以及相关辅助设备共同组成了一个有机整体，让教学活动具有了开放性、可拓展性、易用性、方便性以及实用性，也让学习变得更加具有趣味性。

智慧环境：包括了智能空调系统、智能窗帘系统、智能通风系统和智能照明系统 4 部分。

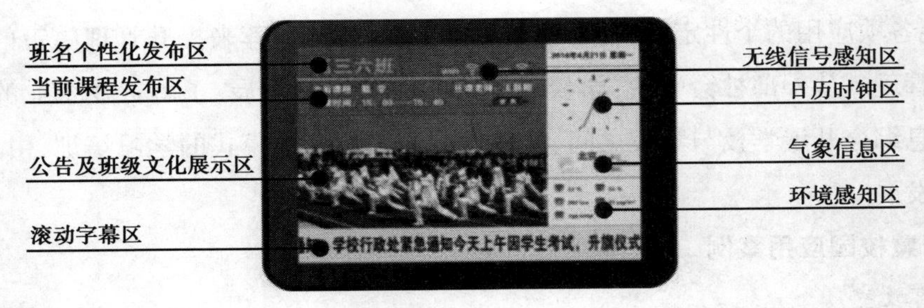

图 5-2-6　电子班牌

通过环境监控主机,监测教室的温度、湿度、PM2.5 等环境数据,并可随时通过智能终端读取数据。借助主机的可编程扩展功能,能够根据环境的变化与需要,自动控制空调、通风等环境设备,实现温度和空气质量的自动调节。借助无线智能开关,可在不改变现有灯光布线的情况下控制教室灯光,同时借助无线窗帘控制器和电控轨道,利用智能终端控制窗帘的开合。

(2)主要技术

感知层涉及技术:主要技术有 RFID 技术、ZigBee 技术、射频技术、指纹识别技术以及相关传感技术等。在智慧教室中安装有 RFID 系统,用射频 IC 卡、指纹等信息进行身份验证才可以使用该教室;在教室中还安装了变焦摄像头和监控摄像头,根据师生的行为自动捕捉教学场景,配备了多媒体设备、投影仪、多个显示屏、电动窗帘、灯光、实物展台等感知设备。RFID、摄像头和传感器所构建的智慧教室感知层随时监视教学情况,通过传感设备检测各项运行参数,实现全方位实时感知、动态控制和智慧处理教室中的各个教学环节。智慧教室感知层的主要设备如图 5-2-7 所示。

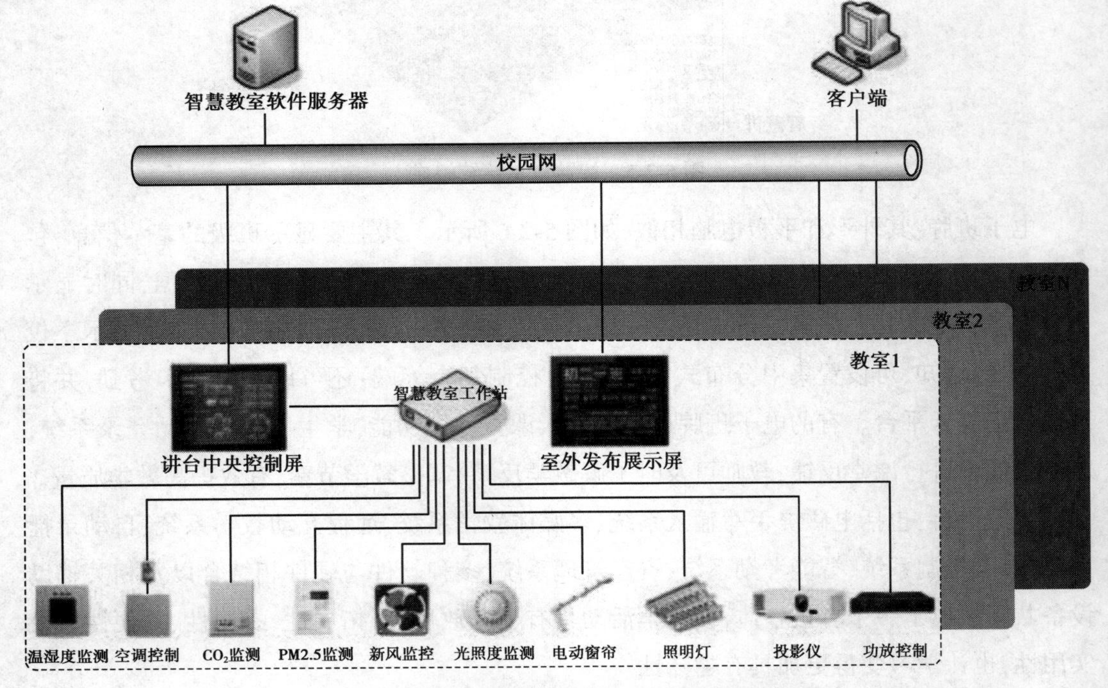

图 5-2-7　智慧教室感知层核心技术实物展示图

网络层涉及技术：主要采用IPv6作为通信协议，同时还要与校园网对接，为进一步建设教学资源平台、课程资源平台等提供支持。网络层的主要任务是服务应用层，完成人与物、物与物的智慧联系与通信，如图5-2-8所示为智慧教室网络层结构图。

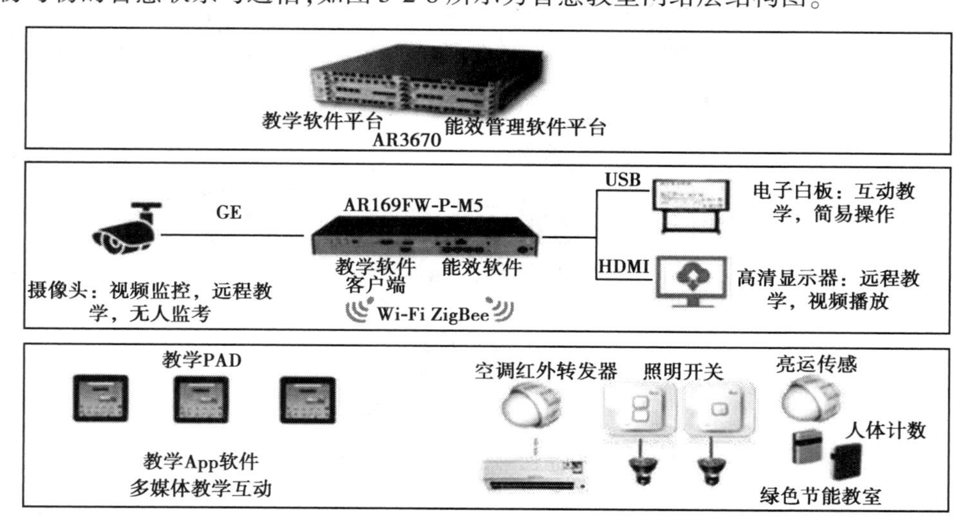

图5-2-8 智慧教室网络层结构图

应用层涉及技术：在应用层中，主要功能就是对数据进行处理和应用。管理者通过大数据和云计算技术对感知层中采集的数据进行计算、分析、知识挖掘，以此可以获取设备的运维数据、教室端师生的行为数据等，通过这些数据，可以为决策者提供科学客观的依据，进一步实现对物理世界的实时控制、精确管理和科学决策。

2.智慧图书馆

智慧图书馆的应用，为读者提供更方便、快捷、高效的校园服务，实现图书馆服务工作以及文献管理的智能化和高效化。不仅为教师备课、开展研究性学习提供机会；还为学校建设共享资源提供有力支撑；更为拓宽学生视野提供平台。智慧图书馆注重的是在信息技术基础上的整合集群与协同管理，组成方式是传统实体图书馆结合虚拟图书馆，具有内容呈现方式数字化、传递方式网络化、学习方式虚拟化、服务方式现代化的特点。如图5-2-9所示为智慧图书馆服务与管理示意图。

（1）系统框架

智慧图书馆管理系统以射频电子标签技术为基础，对图书文献、书库书架以及借阅者实现一体化标识。智慧图书馆整体系统框架示意图如图5-2-10所示，具体的基本设施条件：首先，软件方面要具备较为先进且完备的系统网络设施、通信设施、数字图书管理软件；其次，图书馆内图书资源实现书目电子化管理并较大程度上实现全文数字化和多媒体化；最后，图书馆要有经过专业训练的技术工作人员，设立可供来自局域网、广域网等的读者使用的服务体系。

建设在校园中的智慧图书馆的主要功能：紧急呼叫功能是供读者在遇到紧急情况或

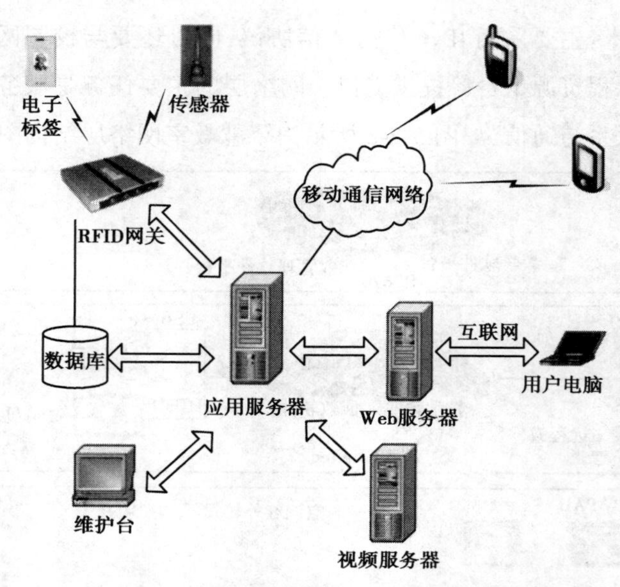

图 5-2-9　智慧图书馆服务与管理示意图

图 5-2-10　智慧图书馆系统框架示意图

者其他特殊情况时可直接呼叫管理人员;图书馆的安全和防盗通过严密的智能门禁系统实现;通过 TCP/IP 实现远程监控,对图书馆实时管控;自动识别图书和其他资料,对未办理相应手续的图书进行报警;通过电子标签等技术实现文献自助借还的功能。在智慧图书馆中,整个智慧图书馆运行流程如图 5-2-11 所示。

(2)主要技术

从物联网的 3 层结构来看,在智慧图书馆中,感知层是整个系统的最底层,通过 Wi-Fi、ZigBee 等短距离无线通信技术以读者随身携带的智能手机、平板电脑等为感知对象实现读者识别,通过 RFID 标签感应装置实现对图书的感知。

网络层是系统的核心部分,负责传递和处理信息。网络层将感知层获得的图书信息、读者信息等进行传递和处理,便于提供对应的相关服务。

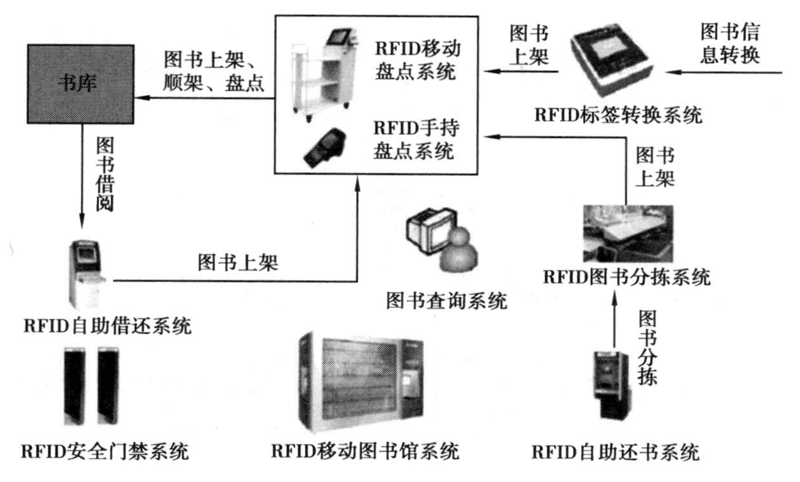

图 5-2-11　智慧图书馆运行流程

应用层负责图书馆实际应用,主要实现图书清点、自助借还以及基于位置的读者信息推送功能。

3.智慧管理

(1)系统框架

智慧管理支撑平台不单是提供独立的业务应用,而是作为应用服务平台的支撑。它采用构件化、服务化的设计思想,面向各类应用系统提供技术接口、组件模块与应用服务,实现各类数据与资源的集成,并综合考虑学校信息化应用中的各类数据与资源。基于物联网新兴技术如 RFID 无线识别技术、移动通信技术、互联网技术和移动互联网技术等,实现校园的智慧化管理。目前,还没有统一标准的校园智慧化管理系统,图 5-2-12 所示的系统架构是目前应用较广的智慧管理系统,今后随着物联网技术相关标准的统一以及技术的稳定会形成更为完善的校园智慧管理结构体系。

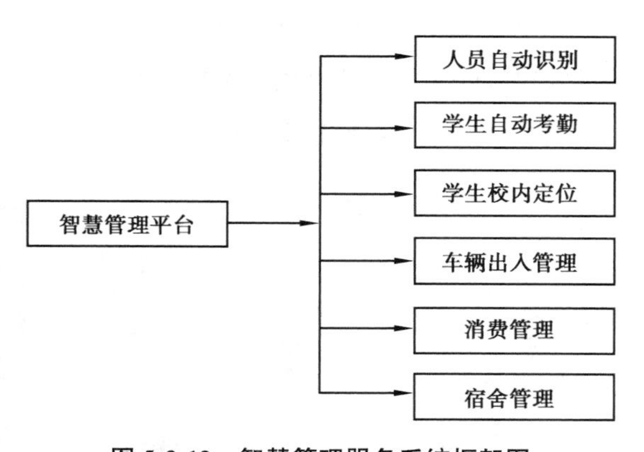

图 5-2-12　智慧管理服务系统框架图

(2)主要技术

学生出入校园管理:如图 5-2-13 所示,学生佩戴证件进校时,首先进入校门外识别区域,证件上的标签开始工作发出射频,阅读器读取到标签信息后上传数据,标签离开校门外识别区域时停止工作。当学生通过校门,到达校门内识别区域,标签再次工作,又被阅读器读取到。阅读器读取标签信息后,将数据传送给信息终端,信息终端在接收到数据后,进行数据处理,判断标签是进校、离校或者是无法判断,然后通过有线或者无线方式发送给相应的后台管理系统。后台管理系统可以给学生家长或者老师发送短信或者 App 信息。

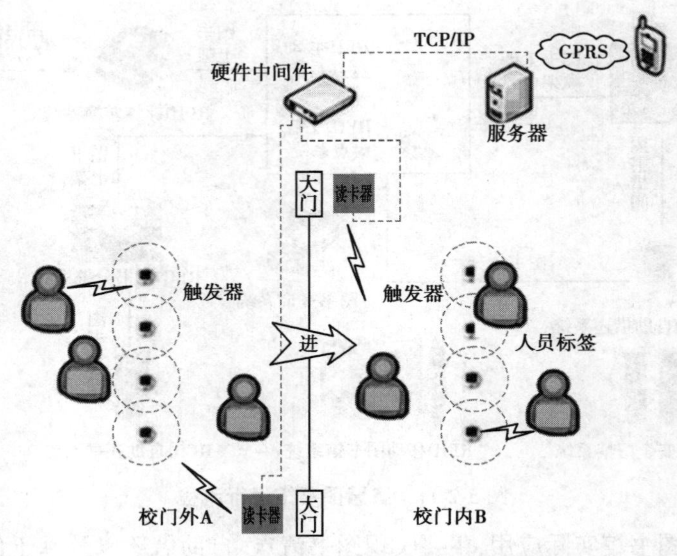

图 5-2-13　学生出入校园管理流程图

车辆出入及校内位置服务管理：对需要进入校园的车辆信息进行预先登记并给每一辆车分配独一无二的标签。其工作流程与学生进入校园类似，图 5-2-14 所示为车辆出入校管理。校内位置服务管理，如图 5-2-15 所示，阅读器和监控识别同时安装运行，进行 RFID 和视频联动。阅读器负责实现对监控区域的覆盖，识别车辆通过的时间和地点，监控摄像头获取图像，一旦需要查询该时段或者该车辆信息时，可以及时查询到视频轨迹信息。

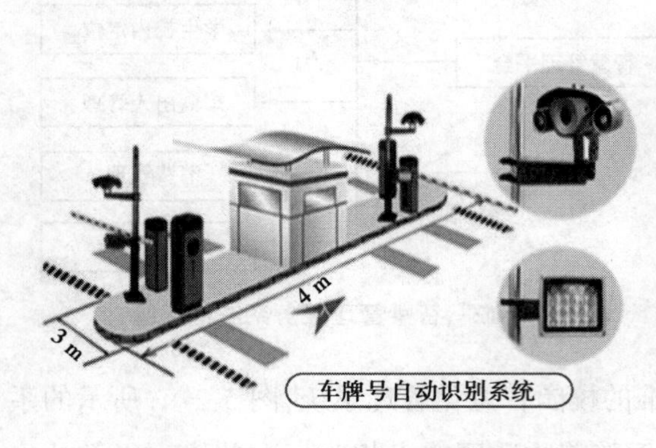

图 5-2-14　车辆出入校管理

图 5-2-15　校内位置服务管理

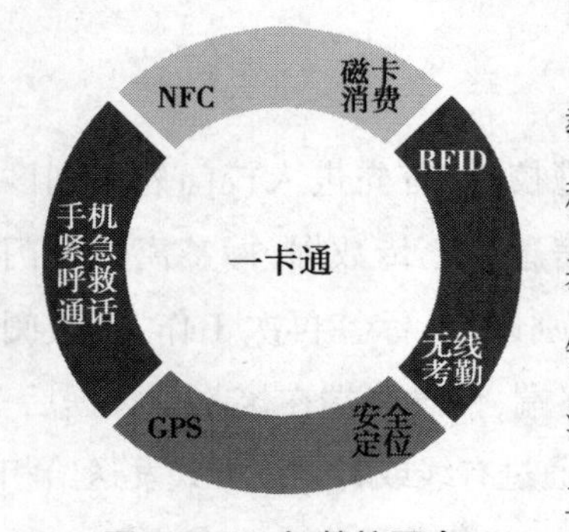

图 5-2-16　智慧校园卡

智慧校园卡：校园卡都内置 IC 卡或者 CPU 卡，学生和教师可以在食堂、水房、图书馆等地感应读卡，即可完成各种消费的支付。系统在后台强大的软件环境和完善的硬件基础上完成信息加工处理，统一进行 IC 卡的发放、授权、撤销、挂失、充值等工作，并可查询、统计、清算、报表打印各类消费信息及其他相关业务信息。整个系统为保证安全以独立的专网为载体，同时作为整个智慧校园的核心应用项目，

与智慧校园能够实现数据整合。智慧校园卡不仅具有消费、身份认证、金融服务功能，如图 5-2-16 所示，还具备相应的管理功能，保证整个系统的先进性、实用性、安全性和扩展性。

▶ 知识拓展

想了解更多关于智慧图书馆的内容，可扫描二维码观看视频。

智慧图书馆解决方案

▶ 任务小结

智慧校园是教育信息化的发展新阶段，是信息技术与教育教学的深度融合，也是教育信息化的新目标。智慧校园目前还是一个新事物，还处于摸索研究阶段，作为一项重要且复杂的工作，需要积极引进新理念和新技术，科学有效地组织项目建设，通过不断总结和探索，推动智慧校园的整体全面建设。

▶ 任务评价

评价内容	评价方式	评价等级	
		优秀	合格
智慧校园的特征	提问或作业	能完整清晰表达或书写	能表述
校园智慧图书馆的框架	提问或作业	能完整清晰表述或书写	能表述
智慧管理的功能	提问或作业	能完整清晰表述或书写	能表述
课堂笔记是否美观、完整	随堂或作业	书写整齐且完整	有笔记

▶ 任务检测

一、填空题

1.目前校园建设经历了网络校园、__________和__________ 3 个阶段。

2.智慧校园的特点有__________、__________、__________、__________和__________。

3.智慧教室电子班牌的作用包括显示班级基本信息、__________、__________和__________。

4.智慧讲台让教学活动更具有__________、__________、__________、方便性和__________。

5.校园智慧图书馆的组成包括__________、__________、__________以及__________。

6.智慧图书馆的特点有__________、__________、__________和服务方式现代化。

二、简答题

1.智慧教室感知层涉及的技术主要有哪些？

2.就目前发展来看,智慧管理能实现哪些功能?

3.简述智慧校园卡的作用。

任务三　智慧交通

▶ 任务分析

通过本任务的学习,使学生能认识智慧交通系统,了解智慧交通系统的定义、关键技术,以及发展情况,能够设计简单的智慧交通系统的框架,为后续学习物联网相关知识奠定基础。

▶ 任务讲解

一、智慧交通简介

1.智慧交通系统的定义

随着社会经济的快速发展,城市规模不断扩大,城市人口和机动车保有量迅猛增长,交通需求与道路交通设施之间的矛盾日益凸显,交通拥堵、交通事故、空气污染等问题已经逐步影响了人们的日常生活,同时也给道路交通的现代化管理提出了新难题。

传统的道路交通监测手段存在范围小,无法统筹宏观与细节,无法直观呈现监控画面中的大量信息,各系统独立作战,未进行各系统之间的整合,信息共享不充分,现场指挥困难,预警能力不足,整体交互落后等弊端,当发生应急事件或组织大型活动时,交管指挥人员无法进行快速响应和统一融合联动指挥。这导致城市道路资源未能得到最高效率的运用,由此产生不必要的交通拥堵甚至瘫痪。

智慧交通系统(Intelligent Transportation System,ITS)将有助于解决这些问题,它是未来交通系统的发展方向,也是物联网应用层技术的综合应用。

智慧交通

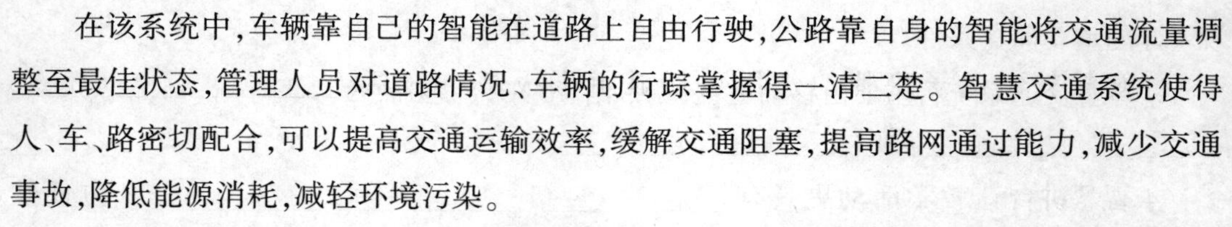

在该系统中,车辆靠自己的智能在道路上自由行驶,公路靠自身的智能将交通流量调整至最佳状态,管理人员对道路情况、车辆的行踪掌握得一清二楚。智慧交通系统使得人、车、路密切配合,可以提高交通运输效率,缓解交通阻塞,提高路网通过能力,减少交通事故,降低能源消耗,减轻环境污染。

智慧交通系统是将先进的信息技术、数据通信传输技术、电子传感技术、控制技术及计算机技术等有效地集成运用于整个地面交通管理系统,从而建立的一种在大范围内、全方位发挥作用的,实时、准确、高效的综合交通运输管理系统,如图 5-3-1 所示。

《中国智能交通系统体系框架研究总报告》对智能交通系统给出了如下定义:在较完善的基础设施(包括道路、港口、机场和通信等)之上,将先进的信息技术、通信技术、控制技术、传感技术和系统综合技术有效地集成,并应用于地面运输系统,从而建立起在大范围内发挥作用的实时、准确、高效的运输系统。

图 5-3-1　智慧交通系统示意图

2.智慧交通系统的特征

智慧交通系统是一个基于现代电子信息技术面向交通运输的服务系统，它以信息的收集、处理、发布、交换、分析、利用为主线，为交通参与者提供多样性的服务。智慧交通系统具有以下两个特点：一是着眼于交通信息的广泛应用与服务；二是着眼于提高现有交通设施的运行效率。

与一般技术系统相比，智慧交通系统对建设过程中的整体性要求更加严格。这种整体性体现在：

①跨行业特点。智慧交通系统的建设涉及众多行业领域，是社会广泛参与的复杂巨型系统工程，从而面临复杂的行业间协调问题。

②技术领域特点。智慧交通系统综合了交通工程、信息工程、控制工程、通信技术、计算机技术等众多科学领域的成果，需要众多领域的技术人员共同协作。

③政府、企业、科研单位及高等院校共同参与，恰当的角色定位和任务分担是系统有效展开的重要前提条件。

④智慧交通系统将主要由移动通信、宽带网、RFID、传感器、云计算等新一代信息技术作支撑，更符合人的应用需求，可信任程度提高并变得“无处不在”。

另外，根据智慧地球的概念，智慧交通系统还应具备以下特征：

①环保的交通。应大幅度降低温室气体和其他各种污染物的排放量以及能源的消耗。

②便捷的交通。通过泛在移动通信提供最佳的路线信息和一次性支付各种交通费用等服务，改善旅客体验。

③安全的交通。实时检测危险、事故并及时通知相关部门。

④高效的交通。实时进行跨网络交通数据分析和预测，优化交通调度和管理，使交通流量最大化。

⑤可视的交通。将所有公共交通车辆与私家车整合，进行统一的数据管理，提供单个网络状态视图。

⑥可预测的交通。持续进行数据分析和建模，改善交通流量和基础设施规划。

3.智慧交通系统的关键技术

智慧交通是指将 RFID 技术、传感器技术、通信与网络技术等应用于交通运输系统，对交通信息进行加工处理，运用运筹学、人工智能和自动控制技术对交通运输进行控制和提供信息服务，促进车、路、人之间的互动和协同运作，最终使交通运输服务和管理智能化、安全化和高效化。

随着传感器技术、通信技术、GIS 技术（地理信息系统）、“5G”技术和计算机技术的不断发展，国内外对交通信息处理研究的逐步深入，统计分析技术、人工智能技术、数据融合技术、并行计算技术等被逐步应用于交通信息的处理中，使得交通信息的处理得到不断的发展和革新，更加满足 ITS 各子系统管理者、用户的需求。除上面提到的技术之外，智慧交通系统还涉及的关键技术如下所述。

（1）交通数据挖掘技术

互联网的全面覆盖，以及城市交通信息网络的互联互通，人们将进入交通大数据时代。交通数据挖掘技术利用强大的数据分析能力，来实现智慧交通领域各项关键技术的可靠应用。“互联网+交通”为交通数据挖掘提供了平台，也让更多的智能化交通管理评估和决策机制引入到智慧交通系统设计中，从而缓解交通拥堵，实现对交通路网的优化和改进。

同时，在数据挖掘技术的实施中，对传统交通网络结构必然提出了新的要求，以综合性、立体性、智能化交通体系为主体的新型公共交通信息系统将成为提升智慧交通通行能力、监管能力的重要基础。

（2）无人驾驶技术

无人驾驶技术是基于人工智能、计算机技术、视觉导航、自动控制、机械电子等技术，可完成车辆自动驾驶与控制。当前，无线传感器技术实现了车载激光、视觉调整、红外感应等与周围环境的信息交互，并将之与全球定位系统进行关联，实现对车辆位置、速度、道路障碍物等信息的感知与处理，由此优化车辆的启停、转向、速度等控制指令，最终保障无人驾驶车辆的安全、稳定。

当然，从应用领域来看，无人驾驶技术不只局限于地面交通，也将延伸至无人驾驶飞机、潜艇等领域。

（3）信息融合技术

信息融合技术在智慧交通系统中的应用，主要是解决异源信息数据之间的联合，其关键技术有数据转换、数据相关、态势数据库、融合计算等。

（4）车联网技术

车联网是以车内网、车际网、车载移动网为基础，根据“车+X”之间的无线通信技术来实现车辆与互联网之间的融合，如云计算、智慧城市等数据平台，可为车联网提供智能化支撑。此外，车联网本身是“物联网+智能汽车技术”的结合，利用物联网技术来实现智能化交通管理、智能动态信息交互与车辆智能控制。同时，在智慧管理上，通过建立开放性技术标准，实现无人驾驶技术、声控互联技术、车联网控制技术等的跨界融合，可确保车辆行驶安全、可靠。

（5）智能化感知与服务技术

从智慧交通的研究到应用，所有的信息交互都需要实时、准确，智慧交通信息服务将利用智能传感器技术、二维码技术、定位技术、GIS 信息技术，实现信息的采集、运算和处理，最终优化智慧交通各主体的协同。例如，利用数据挖掘技术来实现对车辆行驶信息的控制，通过建立综合性交通信息体系来满足车辆、道路、交通信息资源的配置，提升智慧交通管理的快速性、可预测性。

二、智慧交通应用案例

1.无人驾驶汽车

无人驾驶汽车是一种智能汽车，也可以称为轮式移动机器人，主要依靠车内以计算机系统为主的智能驾驶仪来实现无人驾驶。

无人驾驶汽车

（1）中国

由国防科技大学自主研制的红旗 HQ3 无人车于 2011 年 7 月 14 日首次完成从长沙到武汉 286 km 的高速全程无人驾驶实验，创造了中国自主研制的无人车在复杂交通情况下自主驾驶的新纪录，标志着中国无人车在复杂环境识别、暂停、行为决策和控制等方面实现了新的技术突破，达到世界先进水平。到 2030 年，驾驶员基本上可以在较复杂路况下只控制方向盘或只踩油门和刹车了，因为半自动驾驶技术会在大多数车辆上得到应用，那时汽车会自动设置路线或自动进行油门和刹车的配合。

百度作为我国最早布局无人驾驶的互联网企业，在 2018 年的春节晚会上就已经将其无人车产品面向全国人民展示。在 2019 年 1 月 8 日举行的国际消费类电子产品展览会上，百度的无人驾驶车队将一个来自中国长沙的包裹从运抵美国拉斯维加斯后再接力运送至展会场馆。目前，百度自动驾驶平台 APOLLO 实现了干线物流、支线物流、终端物流等全物流场景覆盖，完成全球首次自动驾驶物流闭环。

（2）美国

Google 的无人驾驶汽车还处于原型阶段，不过即便如此，它依旧展示出了与众不同的创新特性。和传统汽车不同，Google 无人驾驶汽车行驶时不需要人来操控，这意味着方向盘、油门、刹车等传统汽车必不可少的配件，在 Google 无人驾驶汽车上通通看不到，软件和传感器取代了它们,图 5-3-2 所示为其外形示意图。

(3)英国

英国的无人驾驶汽车“优尔特拉”(UL Tra,见图 5-3-3),由英国的先进交通系统公司和布里斯托尔大学联合研制,已于 2010 年投放希斯罗机场作为出租车运送旅客。该无人驾驶汽车有 4 个座位,形状似气泡,看起来就像一艘外星人飞船。这种汽车依靠电池产生动力,而且乘客可以通过触摸屏来选择他们的目的地,它的时速可达 40 km/h,而且会自动沿着道路行驶。一旦乘客选择好目的地,控制系统会记录下要求,并向舱车发送一条信息。随后舱车会遵循一条电子传感路径前进。在旅程期间,如果需要的话,乘客可以按下一个按钮和控制人员通话。

图 5-3-2　美国无人驾驶汽车

图 5-3-3　英国无人驾驶汽车

2.电子收费系统(ETC)

ETC 是世界上最先进的路桥收费方式。通过安装在车辆挡风玻璃上的车载器与收费站 ETC 车道上的微波天线完成通信,利用计算机联网技术与银行进行后台结算处理,从而达到车辆通过路桥收费站不需停车而能交纳路桥费的目的,且所交纳的费用经过后台处理后可分给相关的收益业主。在现有的车道上安装电子不停车收费系统,可以使车道的通行能力提高 3~5 倍,如图 5-3-4 所示。

图 5-3-4　电子收费系统(ETC)

3.实时交通信息服务

实时交通信息服务是智慧交通系统最重要的应用之一,能够为驾驶员提供实时的交通信息。交通信息的具体内容可以包含:交通路线、交通事故,以及前方障碍或道路修整等,图 5-3-5 所示为实时道路交通信息;停车场动态服务,引导车辆至停车场入口,显示停车场剩余车位状态等;充电桩动态服务;城市车牌尾号限行提醒;交通预测服务;历史交通信息等。

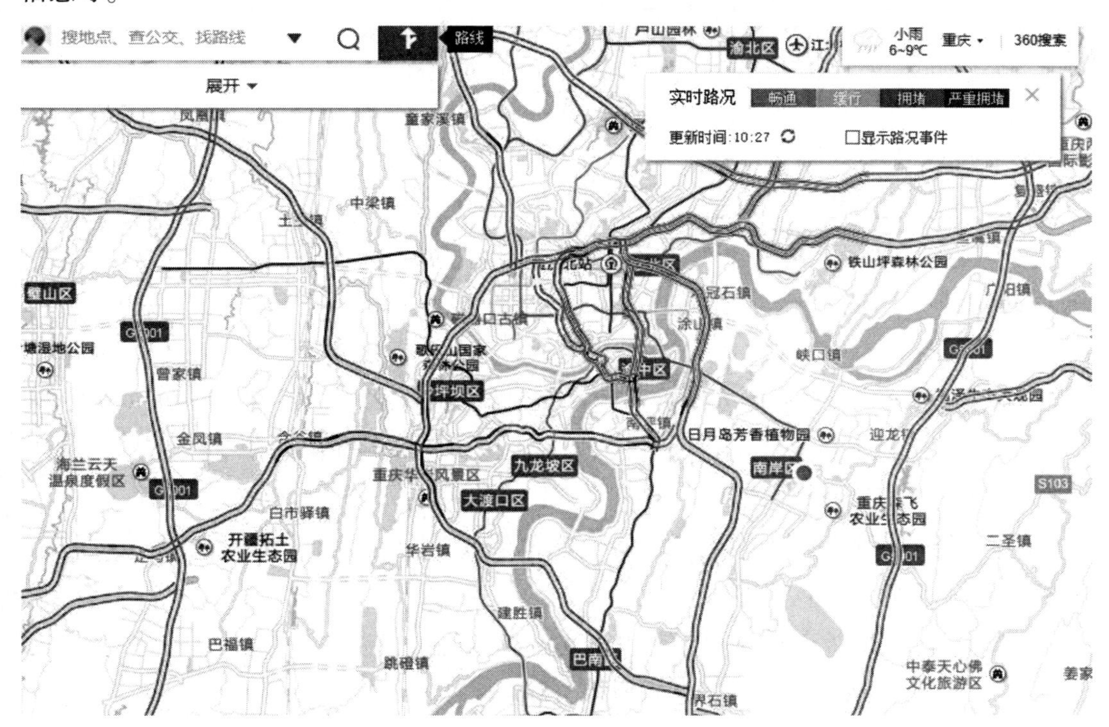

图 5-3-5 实时道路交通信息

▶ 知识拓展

想了解更多关于智慧交通的相关内容,可在互联网中自行搜索。

▶ 任务小结

交通安全、交通堵塞及环境污染是困扰交通领域的三大难题,尤其以交通安全问题最为严重。采用智慧交通系统提高道路管理水平后,每年仅交通事故死亡人数就可减少30%以上,并能提高交通工具的使用效率 50%以上。为此,世界各发达国家竞相投入大量资金和人力,进行大规模的智慧交通系统研究。很多发达国家已从对该系统的研究与测试转入全面部署阶段。智慧交通系统将是 21 世纪交通发展的主流,这一系统可使现有公路使用率提高 15%~30%。

交通管理的科学化、现代化,一直是人们综合治理、解决交通问题而追寻的目标,随着科学技术的发展,尤其是计算机技术、GPS、信息通信的普及和应用,交通监视控制系统、交通诱导系统、信息采集系统等在交通管理中发挥了很大作用,但这些技术单纯是对车辆或道路实施科学化管理,范围单一,系统性不强。发达国家在探索既维护汽车化社会,又要缓解交通拥挤问题的办法时,旨在借助现代化科技改善交通状况达到"保障安全,提高效率,改善环境,节约能源"的目的的 ITS 概念便逐步形成。

▶ 任务评价

评价内容	评价方式	评价等级	
		优秀	合格
智慧交通系统的发展	提问或作业	能完整清晰表达或书写	能表述
智慧交通系统的定义及特征	提问或作业	能完整清晰表述或书写	能表述
智慧交通系统的关键技术	提问或作业	能完整清晰表述或书写	能表述
智慧交通系统的典型应用	提问或作业	能举出多个实例	能举例
课堂笔记是否美观、完整	随堂或作业	书写整齐且完整	有笔记

▶ 任务检测

一、填空题

1.智慧交通系统是指在较完善的基础设施(包括道路、港口、机场和通信等)之上,将先进的__________、__________、__________和系统综合技术有效地集成,并应用于地面运输系统,从而建立起在大范围内发挥作用的实时、准确、高效的运输系统。

2.智慧交通系统具有以下两个特点:一是着眼于__________的广泛应用与服务;二是着眼于提高现有交通设施的__________。

3.智慧交通系统将主要由__________、__________、__________、__________、云计算等新一代信息技术作支撑,更符合人的应用需求。

4.根据智慧地球的概念,智慧交通系统应具备以下特征:环保的交通、便捷的交通、__________、高效的交通、__________以及可预测的交通。

二、简答题

1.简述智慧交通系统中涉及的物联网关键技术。

2.列举智慧交通系统在生活中应用的实例。

任务四　智慧家居

▶ 任务分析

本任务介绍智慧家居的相关内容,主要包括智慧家居的主要特征、关键技术,以及智慧家居生活的应用案例。通过本任务的学习,让学生对智慧家居生活有初步的直观感受,并对智慧家居的主要特征及关键技术有一定了解,这将为后续继续学习物联网知识奠定良好基础。

▶ 任务讲解

一、智慧家居简介

1.智慧家居的起源和发展

智慧家居概念的起源甚早,但一直未有具体的应用案例,直到1984年美国联合科技公司将建筑设备信息化、整合化概念应用于美国康乃迪克州哈特佛市的一幢旧金融大厦改建时,才出现了首栋智能型建筑。它采用计算机系统对大楼的空调、电梯、照明等设备进行监测和控制,并提供语音通信、电子邮件和情报资料等方面的信息服务。从此也揭开了全世界争相建造智慧家居的序幕。

最著名的智慧家居要算比尔・盖茨的豪宅。比尔・盖茨在他的《未来之路》一书中以很大篇幅描绘他当时正在华盛顿湖建造的私人豪宅。他描绘他的住宅是“由硅片和软件建成的”并且要“采纳不断变化的尖端技术”。经过7年的建设,1997年,比尔・盖茨的豪宅终于建成。他的这个豪宅完全按照智能住宅的概念建造,不仅具备高速上网的专线,所有的门窗、灯具、电器都能够通过计算机控制,而且有一个高性能的服务器作为管理整个系统的后台。

智慧家居是今后家居领域发展的必然趋势,目前我国的智慧家居产品与技术百花齐放,行业进入快速成长期,市场发展前景诱人。

2.智慧家居的定义

智慧家居是以家庭住宅为平台,利用综合布线技术、安全防范技术、网络通信技术、自动控制技术、音视频技术将家居生活有关的设施进行集成后,构建高效智能的住宅设施及家庭日常事务的管理系统,在实现环保节能的基础上,提升家居生活的安全性、便利性、舒适性以及高效性等。

智慧家居不是单一的智能设备的简单组合,而是一个集成性的系统体系。它通过物联网技术将家中的各种设备(如窗帘、空调、家用电器、音视频设备、照明系统、安防系统、数字影院系统等)连接到一起,提供家用电器控制、照明控制、窗帘控制、安防监控、情景模式、远程控制、遥控控制以及可编程定时控制等多种功能和手段。图5-4-1所示为智慧家居示意图。

简单地说,智慧家居就是通过智能主机将家里的灯光、音响、电视机、空调、电风扇、电水壶、电动门窗及安防监控设备甚至燃气管道等所有声、光、电设备连在一起,并根据用户的生活习惯和实际需求设置成相应的情景模式,无论任何时间、任何地方,都可以通过电话、手机、平板电脑或者个人计算机来操控或者了解家里的一切信息。如有坏人进入家中,远在千里之外的手机也会收到家里发出的报警信息。

3.智慧家居的特征

作为更舒适、安全、节能、环保的居住环境的组成部分,智慧家居区别于传统家居主要有以下3个特点。

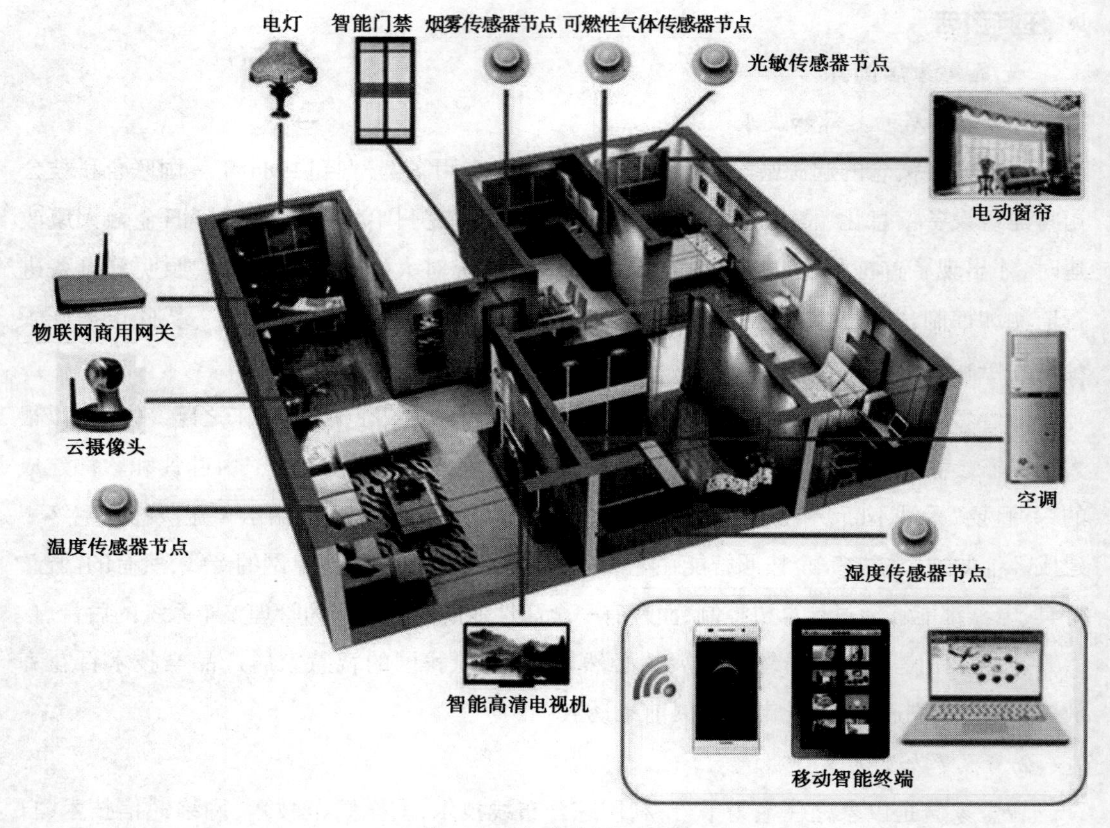

图 5-4-1　智慧家居示意图

①不破坏硬装,安装简便。智慧家居系统的安装并不会破坏室内原有的硬装,也不需要在室内安装大型的电气设备,就能够完整安装使用。所以智慧家居系统不需要过多考虑硬装,更重要的是室内相应智能设备和家电的配备。

②防盗性完善,安全性强。智慧家居的一大特点就是彻底改写了室内安全保障的模式。现在大部分的人离开家之后对家中的状况可以说是一无所知,而通过智慧家居系统,我们能随时监控家中安全状况。当家中出现异常情况时,监控系统会及时通过网络提示在外的用户,而用户也能够通过对状况的判断来选择开启防卫、报警或者解除提示等。

③随时上手,使用便捷。智慧家居系统最基础的目标就是为用户提供安全舒适的便捷生活环境,所以好的智慧家居系统也会摆脱繁复的操作过程,用最简单的方式实现家居的智能化操纵,智慧家居系统能够囊括灯光控制、家电控制、室内对讲等多重功能。

4.智慧家居的关键技术

智慧家居是一个完整的智能化、自动化和网络化的现代家庭生活环境,其涉及的主要技术包括综合布线技术、网络通信技术、安全防范技术、组网与自动控制技术等。

(1)综合布线技术

综合布线技术是一种特殊信息传输技术,它是在建筑和建筑群环境下的一种有线传

输技术，将所有电话、数据、图像及多媒体设备的布线综合(或组合)在一套标准的布线系统上，实现了多种信息系统的兼容、共用和互换互调。因此，它能满足所支持的语音、数据和多媒体等系统的传输速率和传输标准的要求，也是智能建筑弱电系统的主要技术之一。

(2)组网与自动控制技术

智慧家居内部设备的互联需要通过各种有线、无线的通信技术来实现，实现远程控制也需要各种通信技术的支撑。

有线组网技术通常采用五类线、总线或电力线传输控制信号。无线组网方式的特点是灵活，其移动性和可扩展性是有线组网方式所无法比拟的，能更好地适应各种应用环境的需要，每个家居的智能感应模块都是一个无线接入点，彼此互不干扰。例如，遥控器就是通过无线或红外接入点，把遥控指令转化为有线控制指令传输给受控家居的智能模块。无线组网方式所需要解决的难题有很多，如频谱资源分配、功率大小、传输的可靠性等。

(3)传感器终端

传感器在系统中处于最前端，负责对特定信号和数据进行采集，包括对家中有毒气体浓度的监测、温度和湿度的监控、入侵人员的监测等。家庭内部的应用不同，使用的传感器也不同。在视频监控应用中，需要摄像头来进行视频的录制。在家庭安防应用中，需要利用磁感传感器来监控门窗的闭合，需要红外、压感传感器来实现门厅非法闯入的报警，需要热感、烟感传感器来检测室内的火灾或有毒气体的泄露情况；在智能家庭保健中，需要血压、心跳等医学传感器来感知人的生理指标；在智能家庭应用中，需要热感传感器监控室内温度来调节中央空调的冷热，需要光感传感器探测室内光线来调节照明亮度的强弱，智能冰箱还需要通过 RFID 来识别放入物品的种类和保质期限等信息。可以说，智慧家居的每个应用都离不开传感器设备的工作。

(4)安全防范技术

安全防范技术是社会公共安全科学技术的一个分支，具有其相对独立的技术内容和专业体系。其通常分为物理防范技术、电子防范技术、生物统计学防范技术 3 类。

物理防范技术：主要是指实体防范技术，如建筑物和实体屏障以及与其匹配的各种实物设施、设备和产品(如门、窗、柜、锁等)。

电子防范技术：应用于安全防范的电子、通信、计算机与信息处理及其相关技术，如电子报警技术、视频监控技术、出入口目标识别与控制技术、计算机网络技术以及相关的各种软件、系统工程等。

生物统计学防范技术：法庭科学的物证鉴定技术和安全防范技术中的模式识别相结合的产物，是指利用人体的生物学特征进行安全技术防范的一种特殊技术门类，应用较广的有指纹、掌纹、眼纹和声纹等识别控制技术。

(5)网络通信技术

网络通信技术是指通过计算机和网络通信设备对图形和文字等形式的资料进行采集、存储、处理和传输等,是使信息资源达到充分共享的技术。

通信网按功能与用途不同,一般可分为物理网、业务网和支撑管理网3种。物理网是由用户终端、交换系统和传输系统等通信设备所组成的实体结构,是通信网的物质基础,也称装备网;业务网是实现电话、电报、传真、数据和图像传输等各类通信业务的网络,是指通信网的服务功能;支撑管理网是为保证业务网正常运行,增强网络功能,提高全网服务质量而形成的网络。在支撑管理网中传递的是相应的控制、监测及信令等信号。

在异地利用手机对家里的设备进行控制就是网络通信技术在智慧家居中的应用。

(6)音视频技术

音视频技术是研究音频信号和视频信号的产生、收集、处理、传输和存储的技术,是传统音响技术与现代数字声像技术相结合的一门实用技术。智慧家居中的背景音乐、家庭影院就是音视频技术的具体应用。

二、智慧家居应用案例

1.环境监控、家电控制

智慧家居体验

当今社会飞速发展,使人们生活水平不断提高,大家对居住环境的关注度也越来越高,对环境监控以及家电控制的要求也越来越高。通过分析温湿度等传感器采集到的环境值,利用对灯光、窗帘、空调等家庭设备的智能调节,保持家居内部的舒适环境,下面一起来体验智慧家居场景中的各种环境监控以及家电控制带来的智能化生活。

早起情景:根据预置的早上起床时间,背景音乐(或收音机)小音量舒缓响起,床头灯开始微亮,全宅布防解除。几分钟后灯光亮度和音乐音量自动增加,几分钟后窗帘自动打开,持续一段时间后,灯光和背景音乐自动关闭,如图5-4-2所示。

图5-4-2　早起情景

离家情景:住户离家时,按下门旁的触摸控制面板上的"离家情景"键,所有正开启的灯光和背景音乐自动关闭,风扇和空调等家用电器进入待机状态或断电关闭,客厅窗帘缓

缓关闭,安防功能也可以一并联动激活,如图 5-4-3 所示。

图 5-4-3　离家情景

回家情景:住户回家时,按下手机上或门旁的触摸控制面板上的"回家情景"键,客厅背景音乐渐渐响起,客厅电动窗帘自动打开,若室内照明度低或是晚上,客厅和餐厅主灯自动开启,安防功能也可以一并联动解除,如图 5-4-4 所示。

图 5-4-4　回家情景

会客情景:当有客人来时,启动会客情景,客厅主灯打开,筒灯关闭,窗帘拉上,电视关闭,营造出明亮的、封闭的会客气氛,如图 5-4-5 所示。

影院情景:晚饭后,全家准备看最近热门的影片,启动影院情景,灯光关闭,电视、音响打开,自动选择要看的影片内容,在触摸屏上调整音量和图像质量等,如图 5-4-6 所示。

睡眠情景:按下"睡眠情景"键,本房间或全宅灯光、电视、电动窗帘设备根据预置内容全部自动关闭,联动相应区域进行布防。住户进入门厅或过道区域,红外探测器探测到有人后自动打开灯光,探测到无人后几秒钟自动关闭灯光,如图 5-4-7 所示。

起夜情景:按下"起夜情景"键或床底感应器探测到有人起床后,自动把壁灯打开并调低亮度,自动打开卫生间的灯带和排气扇。回到床上后,按下“睡眠情景”键,原先开启的灯光等全部关闭,如图 5-4-8 所示。

图 5-4-5　会客情景

图 5-4-6　影院情景

图 5-4-7　睡眠情景

图 5-4-8　起夜情景

2. *家居安防*

自古以来,家居安防就是一个关系到每个家庭人身和财产安全的话题。传统的机械式(防盗网、防盗窗等)家居安防在实际使用中暴露出一些隐患。智慧家居安防将红外探测器、窗磁、门磁、烟雾及有害气体传感器、网络摄像机结合起来,利用控制终端进行查看和报警,为用户提供一个全方位的智慧家居安防系统。

智慧家居安防系统是一个集传感技术、无线电技术、模糊控制技术等多种技术为一体的综合应用,可以为住户提供基础的家庭安保和集中控制功能。

智慧家居安防系统的主要功能如下:

①网络可视对讲功能。公寓内各住户可通过各自终端屏幕看到访客影像,与其通话,并控制开锁。

②内部电话功能。一个系统内的任意两部室内终端都可以相互通话,终端可以主动呼叫分机,就像内部电话一样,不产生任何电话费用,同时亦可与安全管理中心联系。

③空气监测功能。当室内煤气、甲醛、烟雾等达到危险浓度时,系统会通知住户并自动打开窗户通风散气以保护家人安全。

④紧急求助功能。当家中出现突发状况有人按下紧急求助按钮时,系统会紧急通知

住户，并自动发送现场图像给住户，住户也可通过该系统查看现场实时视频和对现场人员喊话，并采取措施。

⑤保安功能。一旦有外人想入侵住宅，撬门有震动报警，开门门磁会报警，进入室内有红外线探测报警，有人准备钻窗入室窗户会自动关闭并报警。这些报警会以图像、短信、电子邮件或电话的形式通知住户或报警中心，以便及时采取措施，最大限度保障住宅安全。

⑥储存来访者影像功能。当有来访者对住户进行访问时，系统可自动将来访者的影像存储，住户可随时随地查看。

⑦远程监视功能。由于使用了网络摄像机，住户出门在外也可以随时查看家里的情况（凭密码登录）。

3.家庭医疗

在现今的智慧家居系统中，家庭医疗和老人监护功能越来越受到人们的重视和关注。智能医疗可以为行动不便者、慢性病患者、独居老人以及家庭所有成员提供足不出户的24小时身体监测，并随时把数据传送到手机或平板电脑上，方便家庭其他成员或医务人员随时了解监测人员的情况，并及时做出反应。

家庭智能医疗的典型设备包含一些可穿戴式的医疗器械，如电子血压计、血糖仪、脉搏检测仪、心电监测仪以及体温监测仪等医疗器材，通过这些设备可以检测、记录家庭成员的身体状况，有助于发生突发状况时，医务人员为家庭成员进行及时有效的救治。

除此之外，监护也是智慧家居中一个非常重要的部分。小孩和老人可佩戴含有定位功能及紧急报警功能的智能手环等，一旦发生突发事件（如走失、发生意外等），在第一时间可以通过随身携带的智能设备将消息发送到家庭成员的手机上，或者是直接报警。

▶ 知识拓展

扫描二维码观看视频，进一步体验智慧家居。

物联网
智慧生活

▶ 任务小结

智慧家居利用先进的计算机技术、网络通信技术、传感器技术和综合布线技术等将与家居生活有关的各种子系统有机地结合在一起，为人们提供全面的安全防护、便利的通信网络以及舒适的居住环境。与普通家居相比，智慧家居不仅具有传统的居住功能，还由原来的被动静止结构变成具有能动的智慧工具，提供全方位的信息交换功能，实现了与“家居对话”的愿景，优化了人们的生活方式。

▶ 任务评价

评价内容	评价方式	评价等级	
		优秀	合格
智慧家居的定义	提问或作业	能完整清晰表达或书写	能表述
智慧家居提供的功能	提问或作业	能完整清晰表述或书写	能表述

续表

评价内容	评价方式	评价等级	
		优秀	合格
智慧家居的特征	提问或作业	能完整清晰表述或书写	能表述
智慧家居的应用实例	提问或作业	能举出多个实例	能举例
课堂笔记是否美观、完整	随堂或作业	书写整齐且完整	有笔记

▶ 任务检测

一、填空题

1.智慧家居是以＿＿＿＿＿＿为平台，利用综合布线技术、＿＿＿＿＿＿、网络通信技术、＿＿＿＿＿、＿＿＿＿＿将与家居生活有关的设施进行集成后，构建高效智能的住宅设施及家庭日常事务的管理系统。

2.智慧家居通过物联网技术将家中的各种设备连接到一起，提供家用电器控制、＿＿＿＿＿、＿＿＿＿＿、＿＿＿＿＿、＿＿＿＿＿、＿＿＿＿＿、遥控控制以及可编程定时控制等多种功能。

3.智慧家居的安全防范技术通常分为 3 类：＿＿＿＿＿＿＿＿＿＿、＿＿＿＿＿＿＿＿＿＿、＿＿＿＿＿＿＿＿＿＿。

二、简答题

1.简述智慧家居的特征。

2.简述智慧家居的关键技术。

3.根据所学内容，描述一整天的智慧家居生活。

项目六　物联网岗位分析与专业课程安排

项目概述

物联网是一门综合学科，覆盖电子、信息技术和通信等多方面专业知识。中职物联网专业课程由哪些课程构成？通过三年学习后的学生需要掌握哪些专业知识和专业技能？目前物联网行业工作岗位有哪些？这些都是本专业学生及学生家长最关心的问题，也是作为教育者不可回避的问题。

本项目是让中职学校物联网专业学生了解在校期间要学习的专业课程有哪些，并且进一步了解目前物联网行业的工作岗位设置及岗位能力标准。另外，通过本项目的学习，也进一步培养学生良好的学习习惯和方法，帮助学生做好三年的学习规划。

项目目标

知识目标：

- 掌握物联网专业的专业课程结构；
- 了解物联网专业毕业生适合的行业典型岗位；
- 了解物联网行业的典型岗位要求具备的能力。

能力目标：

- 能逐步养成适应物联网专业的学习能力。

素养目标：

- 培养学生养成在课堂上听课抄笔记、齐声朗读的好习惯；
- 培养学生养成探究学习、小组合作的好习惯；
- 培养学生养成将理论与生活实例相联系的思考方式。

任务一　岗位分析

▶ 任务分析

通过前面项目的学习，已经初步了解了物联网技术的基础知识及其在生活中的应用案例，知道了物联网技术将彻底改变人们的生产和生活方式。通过本任务的学习，让学生知道中职物联网专业的毕业生可以从事哪些工作，以及为了做好这些工作必须掌握的专业知识和操作技能。

▶ 任务讲解

一、中职物联网专业毕业生的就业领域

物联网专业培养适应国家战略性新兴产业发展需要，德智体美劳全面发展，具有一定理论基础，知识面宽，实践动手能力强，具有较高的思想道德水平，良好的职业道德、敬业精神和社会责任感与创新意识的复合型一线技术人才。

物联网专业涉及的领域很广，如图 6-1-1 所示。

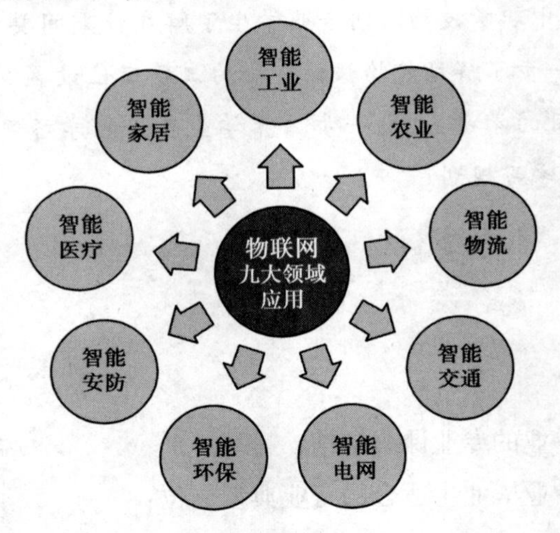

图 6-1-1　物联网涉及的领域

中职学校物联网专业毕业生可在上述领域的政府管理部门、咨询公司、建筑工程公司、物业及能源管理企业和物联网产品生产企业等单位就业。

二、物联网企业职业岗位

通过对行业和多家企业深入考察后，可以知道：物联网产品的生产与质检、物联网产品安装与调试、物联网产品的运行与维护、物联网产品的销售等岗位都适合中职物联网专业毕业生，其中，各个岗位的职责要求见表 6-1-1。

表 6-1-1　各岗位职责要求

岗位名称	岗位职责
物联网产品的生产与质检	负责物联网产品及设备的生产与质检工作；对物联网生产设备进行巡视、控制；对已装调完毕的物联网产品进行初步检测
物联网产品的安装与调试	负责对设备进行安装、部署；对应用系统进行联调，使应用系统能正常运行；根据客户需求，进行综合布线的系统设计；进行现场勘查和施工；使用仪器设备进行测试，让设备正常运行
物联网产品的运行与维护	负责对正常使用的设备进行日常管理和运行维护；提供现场售后服务支持；和用户电话沟通，了解情况确定故障解决方案；按照系统故障排除流程解决问题，使设备正常运行
物联网产品的销售	完成销售过程中的谈判、合同审定；物联网相关产品的售后服务；能够做好对客户的宣讲工作，使客户对物联网产品产生兴趣与信任，并进行销售

三、专业核心能力与基本职业素养

专业核心能力是中职学生应该具备的专业岗位能力中最重要的技能，它可以让人自信和成功地展示自己的技术水平。物联网专业的专业核心能力包含很多，例如，熟悉物联网产品及设备（如传感器、自动识别设备、网络设备）的基本原理和配置、使用技巧；熟悉物联网操作系统、服务器等常用支持软件的配置和使用技巧；具备组织和实施物联网组网的能力等。

除了具备专业核心能力外，中职物联网专业的毕业生还必须具备基本职业素养。基本职业素养就是要求学生能成为一个合格的职业人，即合格的企业员工或公司职员。它包括具有良好的职业道德和敬业精神；具有较强的团队合作精神；具有良好的沟通和协调能力，拥有良好的人际关系，有一定的择业创业能力等。

▶ 知识拓展

经过对物联网行业、企业的多次调研，并与企业管理者、高校专家深入研讨后，基本确立了中职物联网专业学生的专业核心能力与基本职业素养（见表 6-1-2），以及中职物联网专业岗位能力（见表 6-1-3）。

表 6-1-2　专业核心能力与职业基本素养

专业核心能力	基本职业素养
①熟悉物联网产品及设备（如传感器、自动识别设备、网络设备）的基本原理、配置及使用技巧； ②熟悉物联网操作系统、服务器等常用支持软件的配置和使用技巧； ③具备组织和实施物联网组网的能力； ④具备安装与部署物联网软硬件产品的能力； ⑤掌握感知层的数据采集及控制原理； ⑥具备发现问题、定位故障、解决问题的能力； ⑦具备对操作系统、数据库系统进行备份和恢复的能力	①具有良好的职业道德和敬业精神； ②具有较强的团队合作精神； ③具有良好的沟通和协调能力，拥有良好的人际关系，有一定的择业创业能力； ④具有良好的逻辑思维能力； ⑤具备通过现象描述，分析问题和远程指导用户方人员或自身现场解决问题的能力

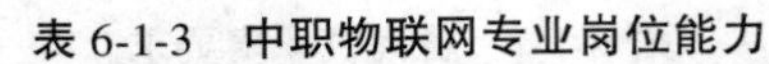

表 6-1-3　中职物联网专业岗位能力

工作岗位	岗位描述	能力要求	所能完成工作
物联网产品生产与质检技术员	负责物联网产品及设备的生产与质检工作	①熟悉物联网产品及设备(如传感器、自动识别设备、网络设备)的生产工艺、生产流程和技术参数; ②具有解决物联网产品及设备常见问题的能力,熟悉检测手段; ③有良好的沟通协调能力及团队合作精神	①常用电子元器件的识别与检测,各类电子元器件的手工装配与焊接,各类电子元器件的自动焊接,物联网产品整机装配与调试; ②对已装调完毕的物联网产品进行初步检测,与用户需求的标准进行对比; ③如果达到用户的需求标准则标记为合格,如未达到用户的需求则需要进行重新装调
物联网系统集成装调人员	负责对设备进行安装调试;能够实施组网、布线;部署应用系统,进行联调,使应用系统能正常运行	①熟悉物联网产品及设备(如传感器、自动识别设备、网络设备)的基本原理和配置、使用技巧; ②熟悉物联网系统及服务器的配置和使用技巧; ③具备组织和实施物联网组网的能力; ④具备安装与部署物联网软硬件产品的能力; ⑤有良好的沟通协调能力及其他相关能力	①根据客户需求,进行综合布线的系统设计(挑选布线产品、绘图等); ②进行现场勘查,了解施工环境,开展布线实施工作; ③使用仪器设备进行信号测试,对布线施工过程中出现的故障进行分析与排除; ④分析解决物联网工程布线施工过程中出现的问题,并形成相应的文档; ⑤现场开封,对设备及配件进行检查; ⑥设备上架通电、配置和测试; ⑦根据拓扑、路由及产品说明书连接设备、系统联调,试运行; ⑧分析物联网设备安装调试过程中出现的问题,并形成相应的文档; ⑨分析解决物联网工程布线施工过程中出现的问题,并形成相应的文档
物联网系统运行维护人员	负责物联网系统日常管理和维护工作,如系统日常监控、故障排除、数据备份、物联网升级等工作	①熟悉物联网产品设备(如传感器、自动识别设备、网络设备)的基本原理和配置、使用技巧; ②具备发现问题、定位故障、解决问题的能力; ③具备对物联网系统进行备份和恢复能力; ④有良好的逻辑思维能力和沟通协调能力	①接受部门负责人安排的现场售后服务支持的任务; ②和用户电话沟通,了解用户情况,确定故障解决方案; ③根据解决方案,确定并领取所需设备、物料等资源; ④到达用户现场,和用户沟通,按照系统故障排除流程解决问题,获得用户确认; ⑤填写现场售后服务支持文档,收回用户回执

续表

工作岗位	岗位描述	能力要求	所能完成工作
物联网产品销售经理及售后服务经理	物联网应用系统及相关产品的销售工作，完成销售过程中的谈判、合同审定；物联网相关产品的售后服务	①了解物联网相关行业的知识，熟悉物联网行业发展现状； ②熟悉所在公司物联网应用系统及相关产品的功能和参数； ③熟悉竞争对手及其产品的情况（含优缺点分析）； ④具备优秀的沟通和表达能力，热情开朗，能适应工作压力和敢于面对挑战	①熟悉物联网产品（如传感器、自动识别设备、网络设备）的发展前景； ②能够做好对客户的宣讲工作，使客户对物联网产品产生兴趣与信任，并进行销售； ③接收用户需要技术支持服务的需求（电话或电子邮件等形式）； ④通过用户描述及提供的资料，分析问题； ⑤对于自己可以解决的问题，远程指导用户方人员解决问题，对于自己不能解决的问题，提交给相关部门并监控该问题得到解决； ⑥对于需要赶赴现场解决的问题，提交部门负责人，安排现场技术支持服务； ⑦将技术支持信息记录到相关文档中

▶ 任务评价

评价内容	评价方式	评价等级	
		优秀	合格
物联网行业适合中职毕业生的工作岗位	提问或作业	能完整清晰表述或书写	能表述
自己喜欢的工作	提问或作业	能完整清晰表述或书写	能表述
课堂笔记是否美观、完整	随堂或作业	书写整齐且完整	有笔记

▶ 任务检测

简答题

1.物联网技术的应用领域有哪些？（请至少写出6种）

2.除教材中列举的工作岗位外，小组讨论后再说说其他适合中职物联网专业毕业生的工作岗位。

3.你打算毕业后在物联网行业中从事何种工作？说明原因。

任务二　物联网技术应用专业课程安排

▶ 任务分析

通过前面任务的学习，了解了中职物联网专业毕业生在物联网行业中适合的工作岗位。本任务就是要让学生了解在校期间要学习的中职物联网专业课程，能有规划、有目的地进行学习,进一步为毕业后从事物联网相关工作做好准备。

▶ 任务讲解

一、中职物联网专业课程

1.课程设计思路

中职物联网课程的设计采用岗位课程与知识课程相结合的模式。

本专业整个课程设计过程严密,具有适用性。首先,学校教学经验丰富的教师深入企业与行业专家一起对企业进行调研和分析,获取行业、企业对学生的岗位能力要求;其次,将岗位能力要求与学校课程实施相结合,制订出相应的专业教学标准、课程标准、教学计划等;最后,对专业教师进行相应的培训,便于课程的顺利实施。

物联网技术应用的专业课程采用了分层次课程设计理念,整个课程按照物联网技术的特点分为了 4 个层次,分别为专业基础课、感知层课程、传输层课程、应用层课程等,如图 6-2-1 所示。

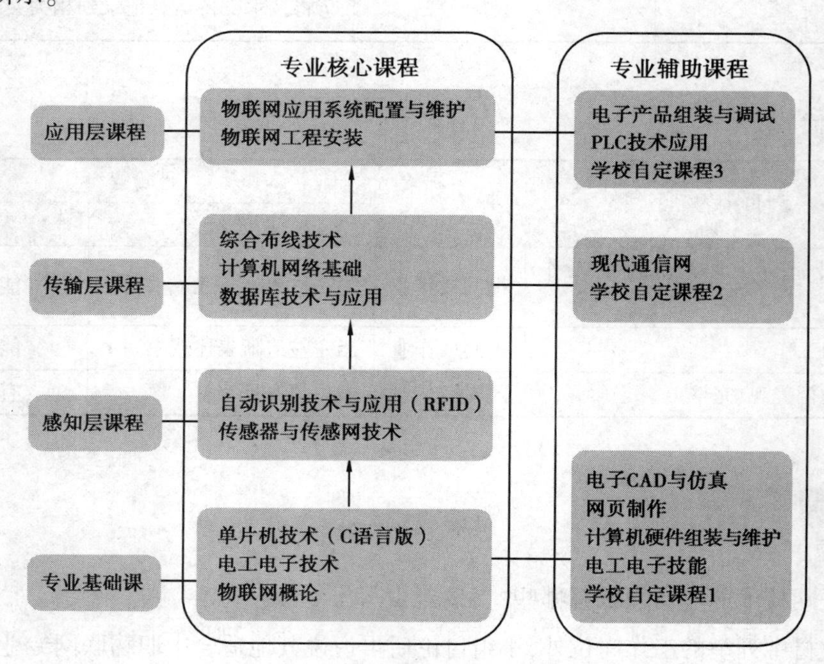

图 6-2-1　中职物联网专业课程结构

第一层是专业基础课程,是中职物联网专业课程的基石,是学生掌握专业知识技能前必修的重要课程。物联网技术应用的专业基础课程是电工电子技术、单片机技术语言、物联网概论等。

第二层是感知层课程,感知层是物联网的基础,同时也是物联网的核心,是联系物理世界与信息世界的重要纽带,是信息采集的关键部分。感知层课程主要包括:传感器与传感网技术、自动识别技术与应用(RFID 技术、二维码技术、ZigBee、蓝牙技术)等。

第三层是传输层(即网络层)课程,传输层的功能是“传送”,即通过通信网络进行信息

传输。传输层课程主要包括:计算机网络基础、综合布线技术、数据库技术与应用等。

第四层是应用层课程,应用层位于物联网结构中的最顶层,其功能为通过云计算平台进行信息处理。应用层课程包括多个方面,主要是物联网系统配置与维护、物联网工程安装等。

2.课程安排

学习物联网专业知识就像修建房屋一样,要先打好基础才能在上面建出漂亮的楼房。中职物联网专业的专业课程如图 6-2-2 所示。

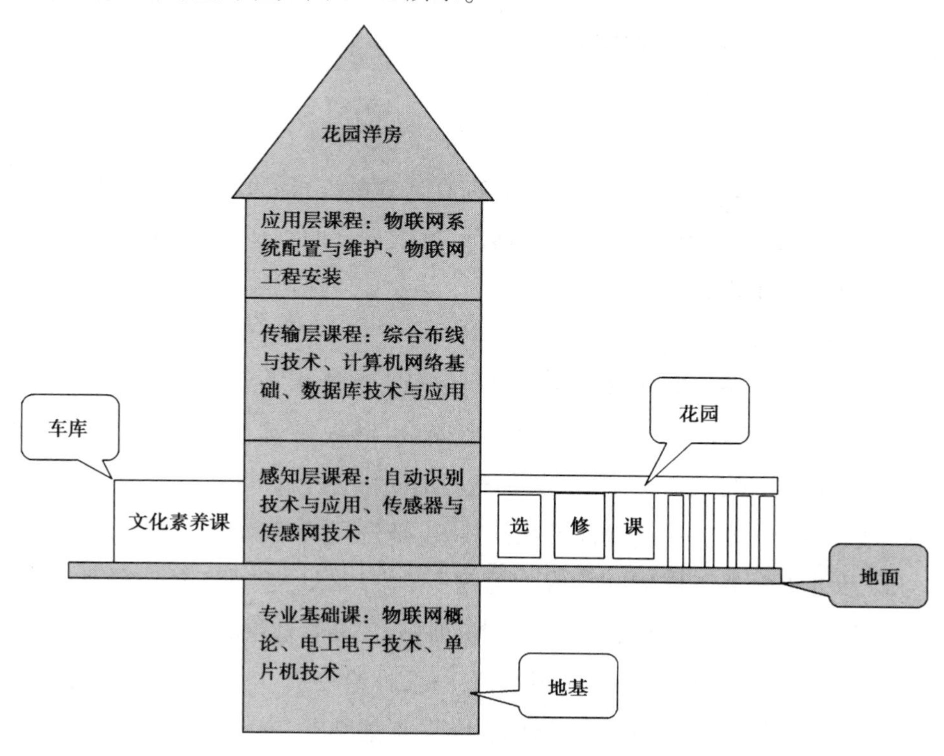

图 6-2-2　中职物联网专业课程

(1)专业基础课程

专业基础课程是构成这栋房屋的主要支撑,通过专业基础课程的学习,将为后续学习其他专业核心课程奠定良好基础。这些课程一般来说安排在第 1 学期和第 2 学期进行学习。

(2)岗位职业能力进阶课程(专业核心课程)

专业核心课程是在专业基础课程之上进行学习的,这些课程主要安排在第 3 学期到第 6 学期进行学习。

(3)选修课程

学校可以根据当地的企业需求和学校的自身特色安排选修课程,这些课程主要安排在第 4 学期到第 6 学期进行学习。

3.课程实施

在课程实施方式上,强调精讲多练、小组合作探究的模式。加大技能实训课、教学生产实训、顶岗实习等实践课程的比重,通过学生的勤动手、多练习达到教学目标。

二、学好中职物联网专业课程的关键

1.掌握适合的学习方法

就学习方法而言没有最好,只有适合与不适合。物联网专业包含电子、通信、计算机等方面的知识与技能,是一个综合性较强的专业,在学习过程中,小组合作探究式学习加上多进行实践操作的学习方式比较适合中职学生。

2.养成良好的学习习惯

课前预习,课上认真听讲,课后复习总结,按时完成作业。

针对自己在校的学习生活时间,进行合理有计划的安排。让自己的课余生活丰富多彩、劳逸结合,积极参加学校、班级组织的活动,发展自己的兴趣爱好,多参加学校社团活动,切不可沉迷于玩手机和玩游戏。

3.上好专业实训课

首先,做好思想准备。实训课是在教师的指导下以学生动手完成一项任务或一件作品、产品的课堂,学生完成任务或作品要达到教学的目标。学生上实训课在思想上要有安全意识和服从管理意识,实训过程听从实训教师的安排。

其次,做好实训准备。俗语有言工欲善其事,必先利其器,实训课前学生应提前穿好实训工作服,女生要戴好工作帽,并到工具管理室领取(借取)实训工具。实训完成后学生在实训室内整理好工具和桌面,下课后将工具归还到工具管理室的指定位置。

再次,认真实训拒绝嬉戏,正常使用实训耗材,杜绝浪费。大部分的实训课都涉及实训工具的应用,实训课堂上学生应自觉认真实训,不能嬉戏,避免出现危险。对于实训中的耗材,学生应正常使用,杜绝浪费。

最后,实训完成后学生应自觉整理实训台桌面,清理干净自己的实训工位,培养自己良好的职业道德。

▶ 知识拓展

物联网如何上好实训课

物联网专业学生到底该如何上好实训课呢?想要进一步了解,可以扫描二维码学习相关内容。

▶ 任务评价

评价内容	评价方式	评价等级	
		优秀	合格
专业基础课程的名称	提问或作业	能完整清晰表述或书写	能表述
感知层课程的名称	提问或作业	能完整清晰表述或书写	能表述

续表

评价内容	评价方式	评价等级	
		优秀	合格
传输层课程的名称	提问或作业	能完整清晰表述或书写	能表述
应用层课程的名称	提问或作业	能完整清晰表述或书写	能表述
课堂笔记是否美观、完整	随堂或作业	书写整齐且完整	有笔记

▶ 任务检测

一、填空题

1.物联网专业基础课有______________、______________、______________。

2.物联网专业课中感知层课程有______________、______________。

3.物联网专业课中传输层课程有______________、______________、______________。

4.物联网专业课中应用层课程有______________、______________。

二、简答题

1.你是否喜欢上实训课？说一说具体的原因。

2.怎样才能上好实训课？

三、思考题

1.从生活实际出发，你觉得还有哪些课程和物联网有关？

2.从自己的实际出发，你觉得自己应该培养哪些好的学习习惯？

参考文献

[1] 邹生,何新华.物流信息化与物联网建设[M].北京:电子工业出版社,2010.

[2] 燕庆明.物联网技术概论[M].西安:电子科技大学出版社,2012.

[3] 谢希仁.计算机网络[M].7 版.北京:电子工业出版社,2017.

[4] 柴远波,赵春雨.短距离无线通信技术及应用[M].北京:电子工业出版社,2015.

[5] 徐颖秦.物联网——开启智慧大门的金钥匙[M].北京:中国电力出版社,2012.

[6] 黄建波.一本书读懂物联网[M].2 版.北京:清华大学出版社,2017.

[7] 郎为民.大话物联网[M].北京:人民邮电出版社,2011.

[8] 季顺宁.物联网技术概论[M].北京:机械工业出版社,2012.

[9] 刘海涛.物联网技术应用[M].北京:机械工业出版社,2011.

[10] 詹国华.物联网概论[M].北京:清华大学出版社,2016.

[11] 刘云浩.物联网导论[M].北京:科学出版社,2010.

[12] 谢昌荣,曾宝国.物联网技术概论[M].重庆:重庆大学出版社,2013.

[13] 丁奇,阳桢.大话移动通信[M].北京:人民邮电出版社,2011.